共生科学概説

人と自然が共生する未来を創る

星 槎 大 学 叢 書

3

星槎大学出版会

星槎大学

はじめに

　現在、国内外で議論されている環境問題は、時代の要請・政治的思惑、経済的状況の影響を強く受けつつ、他方で持続可能な社会の構築のため、直ちにとりかからなければならない人類共通の課題である。さらにその解決には一刻の猶予もないという、逼迫した状況に我々人類はおかれている。

　しかしながら、昨今の地球を巡る環境問題は、「エコ」という言葉で被い隠されてしまっている感がある。事の本質に、社会に生活する大人自身も目を塞ぎ、つかめないまま、問題・課題を「次代を担う世代」に先送りしてしまっている。そこでわれわれは、まさにいまこの社会に必要だと考えられる環境教育に関して、次代を担う子どもたちに、さらに、学校という教育の場で教育を担っている教師を通じて、子どもたちにも、大人にも、将来遭遇すると考えられる科学的判断を迫られる事態に、必要となる知識と考え方を伝えていくべくこのテキストを作成した。

　多岐に及ぶ問題ゆえ、すべての領域を納めることはできないが、ぜひ参考文献等も活用して、様々な場における教育実践活動に活かしていただければ幸いである。

星槎大学

装幀／中村　聡

共生科学概説

人と自然が共生する未来を創る

第Ⅰ章

地球環境システムの理解

坪 内 俊 憲

はじめに

　太陽系の第3惑星地球は、多くの幸運が重なり、適度に撹乱し、適度に安定した水を湛える惑星となった。太古の海ができて間もなく海の底で生命が誕生し、多様な生物による物質の循環が始まった。太陽エネルギーが水分子を移動させ、地球表面全域で生物が生息できるようになった。適度な安定が生物の進化に十分な時間を与え、適度な撹乱が生物の進化をリセットし、地球の主役生物を交代させた。地球の歴史は、適度に安定した地球環境が生物を育み、生物が環境を創造し、生物が創造した環境に適度な撹乱が起き、その変化に適応できなかった生物種は絶滅していった歴史である。20万年前に誕生したと考えられている人類は、2度の絶滅の危機を脱するとゆっくり増加し、西暦1500年頃4.5億人程になった。その後の300年で10億人に、次の100年で倍の20億人、次の100年後の西暦2000年には3倍の60億人になった。人間活動が、気の遠くなるような時間をかけて生物が作ってきた地球環境を変化させるようになった。今、人間活動が原因となって地球は6度目の大絶滅を迎えている。人類が、自ら絶滅への道を進まないため、地球システムを体系的、総合的に理解し、どのような人間社会を構築しなくて人は生存できないかを考え、判断し、協働して行動する"地球で共に生きていく力"が私たちに求められている。

1. 人が出現できた地球環境の幸運

(1) 適度な太陽の大きさと寿命

　夜空に輝く星のほとんどは自ら光を放つ恒星であり、太陽もその仲間である。太陽系の唯一の恒星太陽は、水素の核融合エネルギーで宇宙に光エネルギーを放射し、惑星にエネルギーを供給している。宇宙空間の温度は3K（絶対温度3度）であり、十分なエネルギーを作れない惑星は恒星からの光エネルギーによって温められている。太陽系の惑星である地球で生物が生まれるためにはこの太陽の光が不可欠である。（表Ⅰ-1）

　太陽は、生まれてから約50億年前後と推定されている。太陽は、今、燃料である水素を半分程燃やしたところであり、まだ50億年程寿命があると推定されている。50〜60億年後、中心核で水素を燃やしつくすと太陽は赤色巨星となり、膨張して水星、金星を飲み込んで蒸散させてしまう。その10億年後、ヘリウムの核融合が始まると、今の地球の公転近くにまで膨張する。その後、約10億年かけてゆっくりと冷えて白色矮星となり、約120億年後に冷えて固まり一生を終えると予測されている。太陽の質量では超新星爆発は起こすことはないと予測されている。

　恒星の寿命は、その質量（燃料である水素がほとんど）の2乗から3乗に反比例することが知られている。10倍の質量であれば100〜1,000分の1の寿命になる。太陽の2分の1の質量であれば800億年〜1,000億年、10倍の質量なら1,000万年〜1億年、100倍の大きさなら100万年〜1,000万年の寿命と推定される。太陽は、中型の恒星として核融合を起こし、太陽系の惑星に100億年という長い期間、エネルギーを供給し、温め続けてくれている星である。

表Ⅰ-1　太陽の直径、体積、質量、密度、自転周期、コロナ温度と地球との比較

	太陽	地球との比較		太陽	地球との比較
直径	約140万km	110倍	体積	$1.4 \times 10^{27} \text{m}^3$	130万倍
質量	$2 \times 10^{30} \text{kg}$	33万倍	密度	1.411g/cm^3	0.26倍
自転周期	677時間	28倍	コロナ温度	500万度	15℃ （地球表面温度）

(2) 地球の質量と位置

　太陽の周りを回る惑星の中で、内側から3番目に位置する地球は、青い海が70％を占める大きな惑星である。現在の地球に存在する水の半分程は、地球ができたときに隕石が運んできたと言われている。地球は、太陽系惑星のうち組成が類似している火星に比べて約10倍、水星の20倍、金星の1.2倍の大きな質量を有している（表Ⅰ-2）。その大きな質量のおかげで地球に大気を引きとめ、生命誕生に不可欠な水を満々と蓄えている。地球の約10分の1の質量しかない火星は、小さすぎて大気を引き留めておく事ができず、大気はほとんどなくなってしまった。かつて、火星は水を有していたと報告されているが、宇宙に大気が容易に飛ばされるため気圧が低くなり、液体の水は蒸発し、水をとどめることもできなかった。太陽にもっとも近い水星も、質量が小さいため、大気を引き留めておく事ができなかった。水は、1気圧において0℃〜100℃で液体の状態であるが、それ以下では個体の氷になり、以上では水蒸気になる。地球は、適度な温室効果ガスが太陽からの熱を大気中に適度に蓄積すれば、液体の水が存在できる位置に存在している。大きな質量、適切な太陽からの距離、適切な温室効果ガス量のおかげで生物誕生に不可欠な液体の水が存在できる太陽系唯一の惑星となった。

　地球と同じように、液体の水が存在可能な位置にある金星の大気は、温室効果ガスである二酸化炭素が96.5％も占め、大気圧は90気圧にも達する。そのため、大気に入ったエネルギーは排出されにくく、その温室効果によって地表表面温度が470℃と高温である。地球が誕生した頃の大気も二酸化炭素が80％程

表Ⅰ-2　太陽系惑星の比較

	質量比	赤道半径比	密度比	公転周期比	大気圧
水星	0.055	0.382	0.98	0.24	10^{-12}
金星	0.815	0.949	0.95	0.62	90
地球	1 (5.974×10^{34}kg)	1 (6,378km)	1 (5.22g/cm^3)	1	1 (101.325kPa)
火星	0.107	0.533	0.71	1.88	0.0055
木星	317.8	11.21	0.24	11.86	0.69
土星	95.16	9.45	0.13	29.46	1.38

出典：JAXA宇宙情報センター

占めていたと推定されている。現在、石灰岩や大理石などに閉じ込められている炭素が、全て大気中に戻れば50〜100気圧になると推定されており、二酸化炭素が大気の80%占めていた頃は、金星と同じように高温であった。液体の水の中に生命が存在できず、生物が誕生しなかった今の金星の環境は、生物が大気中から二酸化炭素を取り除く前の地球の創成期の環境と似ていたであろうと言われている。

(3) 海、大気を守ってくれる地磁気

　地球と類似した構成である水星、金星、火星は、地球型惑星と呼ばれている。内部は固体核（おもに鉄）、溶融核（おもに鉄、水星と火星にはない）、マントル（岩石質）で構成され、その外側を薄い地殻が被っている。地球の密度を1とすると、これらの惑星は0.78〜0.98であり、地球と類似している。地球を構成する元素の中で最も多いのは鉄であり、重量の34.6%を占め、次いで酸素が29.5%と報告されている。太陽系に存在する元素のうち鉄は0.003%と推定されており、地球では鉄が異例な程極めて多い事が理解できる。水の星と呼ばれる地球であるが、主要元素から考えれば、地球は鉄の星と呼ばれる特徴を持っている。

　小惑星が衝突して地球が作られていくとき、衝突時の運動エネルギーが熱に変わり、高温でドロドロに溶けた重い鉄が、重力によって内部に沈んでいった。中心部では、溶けた鉄は高圧のために固体となって核を形成し、その外側には液状の鉄を主体としたマントルができた。たまたま、最後の小惑星衝突が地球の中心からわずかにずれていたため、地球の自転が始まった。そして、その時点の運動エネルギーが、液状のマントルが回るように動くようになり、鉄と鉄が擦り合わさって電気が発生し、地球が大きな電磁石となり、地球の外周を覆う地磁気が発生した。

　宇宙から生物にとって極めて有害な物質、放射線、太陽風などが地球に向かって降ってくる。有害な物質、放射線が、地球表面まで届いてしまうと生命が育つ事は困難である。しかし、この地磁気が防護壁となって、電化した有害物質を局地に吸い寄せ、あるいは、反発させ、地上に届く事を防いでくれている。太陽風が地球に直接当たると、大気が吹き飛ばされてしまうが、幸いなことに地球では地磁気が太陽風の防護壁となって大気を維持してきた。

（4）大きな質量を有する木星、土星の出現

　木星型惑星（木星、土星、天王星、海王星）のうち木星、土星は巨大ガス惑星とも呼ばれる。内部構造は、岩石と金属のコア、それを被う金属〜液体水素、ヘリウム、表面は気体状態から構成されている。巨大氷惑星とも呼ばれる天王星、海王星は地球の10倍程の質量を有し、その内部は岩石と金属のコア、メタンや水の氷でできたマントル、外側に水素、ヘリウム、メタンガスが被っている。太陽系には火星と巨大な木星の間に惑星になり損ねた小惑星帯があり、冥王星の外側にも氷を主な成分とする惑星になれなかった小天体が無数に存在している。

　これらはぶつかりあい、軌道が変わり、時には融合して大きくなり、太陽の引力に引き寄せられ、太陽を周回する彗星になったり、他の惑星に衝突する隕石となったりする。太陽系創世の初期の頃は頻繁に衝突し、隕石となって他の惑星にぶつかり、惑星の環境の撹乱要因となっていた。次第に少なくなってきているが、木星という地球の317倍という巨大な質量を有した惑星の出現により、これらの多くの隕石、小天体は木星に吸い寄せられるようになった。おかげで地球にぶつかる巨大隕石、小天体が少なくなり、これらの天体が地球環境にもたらす撹乱の頻度は少なくなっていった。

（5）人の出現を可能にした、適度に安定し適度に撹乱した地球環境

　生命の誕生には液体の水とエネルギーが不可欠である。太陽系の惑星のうち、水が液体の状態で存在できる可能性を持っていたのは金星、地球、火星である。しかし、火星の質量は地球の10分の1と小さく、大気と液体の水を維持することができなかった。金星は、二酸化炭素が大気中の96.5％を占め、その温室効果によって表面温度が470℃に維持されて、生命が生まれる事ができなかった。今の金星は、太古の地球に近い状態を維持していると考えられている。三つの星のうち、地球だけに生命が誕生し、45億年という長い時間をかけ、生物の大量絶滅という生物進化のリセットを何度も繰り返し、主役が植物、両生類、爬虫類、そして哺乳類に変わり、人間が誕生した。

　太陽の100億年という長い寿命、太陽系惑星への十分なエネルギーの供給、地球の位置、地球の質量、地磁気の出現、巨大な木星の出現、これらはまった

くの偶然の出来事である。太陽の質量が大きければ、人間が出現する前に太陽の寿命が尽きてしまう。太陽の質量が小さければ、惑星に届くエネルギーが少なく、惑星で生物に必要なエネルギーが供給できない。地球の質量が小さければ、火星のように大気も海も維持することができない。地球内部に大量の鉄が沈み、十分な速度の自転がなければ地磁気が発生せず、宇宙から降り注ぐ有害な物質が地球表面に到達してしまい、生物が育つことができない。巨大な木星がなければ、地球に大きな隕石、小天体が頻繁に落ち、生物の進化がたびたびリセットされてしまう。リセット毎に、生物は進化をやり直さなくてはならず、頻繁に撹乱が起きれば生物は小さいままであったであろう。また、撹乱が少なければ、一度進化した生物群が長く頂点に居座るため人間の出現を困難にしたであろう。このように、人間の出現には、これらの全ての要素が不可欠であり、この適度に安定し、適度に撹乱した地球環境が人間の誕生を可能にしたのである。ある専門家は、このような地球環境ができあがる確率を、「プールに時計の部品をバラバラにして入れ、ぐるぐるかき回して時計が組み上がるぐらいの確率」と表現している。

２．人の出現を可能にした地球環境を作ってきた循環

（1）地球の生物圏と生態系

　地球は岩石圏（固体）、水圏（液体）、大気圏（気体）、この三つの圏を行き来する生物圏で構成されている。新たな発見があるたびに生物生息地域は広がっているが、正確な情報がないので地下の生物生息域を含めないとすると、深海12km、高度8km、合計約20kmの範囲である。直径12,700kmの地球を、直径30cmの地球儀として換算すれば、生物の生息可能範囲はわずか0.47mmである。30cmの地球儀の表面わずか0.47mmの範囲で、生物を構成する様々な物質が、一つの貯蔵庫から、次の貯蔵庫へと次々と形を変えながらぐるぐる回っている。

　生物を構成する主な元素は、炭素、酸素、窒素、リン、硫黄などであり、これらが生物という貯蔵庫から次の貯蔵庫へと循環している。この循環システムを生態系（Ecosystem）と呼んでいる。簡単に言い換えれば、食物連鎖である。地球の表面には、熱帯林、温帯林、亜寒帯林、低木林、サバンナ、温帯草原、ツンドラ、低木砂漠、雪氷、砂漠、湿原、農耕地干潟、海洋など多種多様な環境が存在している。それぞれの環境において、生息する生物の食べて、食べられの関係が複雑に繋がりほぼ一定の物質量を循環させている。これら高山、森林、湿原、干潟、海における生態系は、それぞれ繋がって物質を運んでいる。これらの繋がった物質運搬システムである生態系の集合体が生物圏と呼ばれている。

　生態系は、様々な種類の生物で構成されている。生産者と呼ばれる緑色植物は太陽エネルギーを利用して、水、二酸化炭素および無機物から炭素化合物である有機物を生産し、水と酸素を排出する。消費者と呼ばれる動物は生産者によって生産された有機物を採食し、エネルギーと他の有機物に変換して自分の体を作っている。この時、酸素を使って、捕食した有機物を二酸化炭素と自分の体を作る他の有機物に変換していく。分解者と呼ばれる従属栄養微生物は、酸素を利用して有機物を水、二酸化炭素、その他の無機物に分解していく。生物のこのような分類は、便宜的なものであるが、この生産者、消費者、分解者が複雑な経路を作り、物質を次から次へと運んでいる。

　地球の原始大気は、二酸化炭素が80％を占め、50〜100気圧あったと推定さ

れている。太古の海には、二酸化炭素、亜硫酸ガス、塩化ガスなどが大量に海に溶け込み、強い酸性であった。40数億年前生物が生まれたが、最初の生物は硫黄化合物を使ってエネルギーを得ていた。今でもこの初期の生物の仲間が、海底の熱水鉱床、火山噴火口など非常に温度が高い、酸性の水の中で生息している。その後、40億年程前、二酸化炭素を使ってエネルギーを作る光合成生物が現れ、酸素を放出し始めた。35億年前には酸素が0.02％程度になり、4億年前には2％に増加した。当初は紫外線が地上に大量に降り注いでいたので、酸素量の多い地表付近でオゾンが発生して紫外線を吸収し始めた。成層圏にオゾン層ができると、地球表面付近の紫外線が顕著に減少し、生物が陸上に上がる事を可能にした。現在、地球の大気中に酸素が約21％含まれるが、すべて生物が作ってきたものである。

　初期の海には地球の表面付近に残っていた鉄が大量に溶けていた。光合成生物が酸素を作り、海に酸素が充満し始めると、海に溶けていた鉄と反応して酸化鉄となって海底に沈んでいった。沈んだ酸化鉄が固まり、地殻変動によって地上付近に現れたのが鉄鉱脈である。海を充満した酸素は大気中に放出され始め、地上の金属と結合し様々なミネラルを作った。生物の生まれた地球には非常に多様な鉱石が存在し、生命の生まれなかった火星などの星の数倍あると言われている。生物圏が形成され、多様な生物が物質を循環することによって多種多様な鉱石が生まれてきたのである。

　海で生まれた有孔虫、べん毛虫などの生物は海に溶け込んでいたカルシウムと二酸化炭素を使って自らの骨格を作るようになった。沖縄県石垣島の星の砂は彼らの骨格である。これらの生物は大量に発生し、その死骸は海の底に沈み圧力で固められ堆積石灰岩となった。石灰岩が熱変成したのが大理石であり、石灰岩から焼いて二酸化炭素を取り除いたのがセメントである。海底や地下で岩石となった石灰岩はプレートの動きによって地球内部に潜り込んでいく。そして、圧力と摩擦によって溶けるとマグマとなり、火山から二酸化炭素となって大気中にもどってくる。

　地球を構成する岩石圏、水圏、大気圏、そして、それらの間を移動する物質循環の集合体である生物圏は常に変化してきた。生物圏が営む物質循環によって岩石圏、水圏、大気圏が変化し、また、地球内外の撹乱因子や生物圏によって変化する3圏に対応して生物圏も変化して今の地球環境を作ってきた。

(2)　水の循環

　地球大気に入るエネルギーは、太陽から届くエネルギーが99.965％を占め、地熱エネルギーが0.025％（約半分が放射性崩壊熱、人類が使う全化石燃料エネルギーの実に約6倍という膨大な熱エネルギー）、潮汐エネルギーが0.0024％、化石燃料の燃焼によるエネルギーが0.0076％と推定されている。地球全体の平均反射率はおよそ0.3なので、太陽エネルギーの30％（雲：20％、大気：6％、地面・水面・氷面：4％、合計30％）を反射し、残り70％が一度吸収され、再び宇宙に放出されていく。大気に入るエネルギーより放出されるエネルギーが多いと、気温が下がり、少ないと気温が上がる。地球に吸収されるエネルギーのうち、23％は水分子に潜熱として蓄えられて地球表面から離れ、雲や大気に移り、時間をかけて宇宙に放出されていく。

　液体の水分子が、太陽エネルギーを約550cal/g（潜熱：気化熱）吸収し、水蒸気となって上昇し、冷えて同じエネルギーを放出して液体水分子に戻り、更に上昇して再び80cal（潜熱：凝固熱）放出して固体の氷となって雲となる。上空で集積し、結合して大きな塊になると、下降し、80calを周辺から吸収し（周りを冷やし）、雨となって地球表面に降りてくる。この水分子に出たり、入ったりしてゆっくりと宇宙に放出されるエネルギーが、大気下層を温めている温室効果の主因である。（寄与率5割と見積もられ、二酸化炭素の寄与率は水分子に比べて小さい。）

　地球表面の3分の2は液体の水に覆われている。水は、大気中に水蒸気として13兆トン含まれ、海洋、河川・湖沼、雪氷、地下水などの貯蔵庫の間を定常的に循環している。海水から年間449兆トン、植物から60兆トン、土壌・河川・湖沼から2.4兆トン、合計約511兆トンが蒸散して大気に供給され、降水として509兆トン、降雪2兆トン、合計511兆トンが地球表面に降りてきて、つりあっている。大気中の水分は0.025年（約9.1日）で全量が入れ替わっている計算となる。同様に、海水は約3,000年、地下水は約1,000年毎で全量入れ替わる計算となる。したがって、海水、地下水は一度汚染してしまうと長期間影響が続いてしまう。

　生物の生存には液体の水が不可欠で、液体の水がないところでは生物による物質循環が殆どない。地球の自転のエネルギー（コリオリの力）が、大気圏内の水の流れをかき回し、地形や海流からも影響を受けて、水の貯蔵庫から遠く

離れた場所へ水を分配してくれている。地下、地表、大気圏をめぐるこの水分子の循環が、地球の大部分の地域に液体の水が存在することを可能にし、生物が生息することを可能にしている。

　ウランの核崩壊熱エネルギーを利用する原子力発電は、作った熱エネルギーの70％を環境に捨てている熱効率30％の発電施設である。ガスコンバインドサイクル発電は作った熱の59％を電気エネルギー変換できる熱効率59％の発電施設である。出力100万キロワットの原子力発電所は、日本では毎秒70〜80トンの海水を7℃温めて放出し（イギリス、フランスは15℃）、使用済み核燃料の崩壊熱の冷却に毎秒3トン放出している。日本の陸域での降水総量は約6,000億トン、そのうち4,000億トンが海に流れ込んでいる。秒速70トンという膨大な流量を持つ河川は、急峻な地形の日本といえども3河川程しかない。日本の原発が全て操業すれば、年間1,000億トン以上（実に海への流入雨量の25％に相当する）の海水を7℃温め続けることになる。熱エネルギーから見れば、原子力発電所は作った大半の熱と崩壊熱で海水を温め続ける施設である。

(3)　炭素の循環

　炭素は地球を構成する元素の中で非常に少ないが、生物の構造を基本的に作っている元素である。地球に存在する炭素の、99.9％強が石灰岩や堆積岩などの岩石となって地球内部の貯蔵庫に閉じ込められている。残りの0.1％弱が大気中、海水・陸水、および我々人類を含む生物と生物の遺骸である化石燃料に含まれている。この数字からも、いかに化石燃料が限られたものであるか、石灰岩、堆積岩に閉じ込められた炭素がいかに大量であるかが理解できる。

　IPCC（国連気候変動に関する政府間パネル）のデータによると、炭素は、大気中に主に二酸化炭素の形で7,500億トン存在し、大気中の炭素量の実に50倍以上の40兆トン弱が海洋・陸水に溶け込んでいる。生物は、この海洋に溶けた二酸化炭素とカルシウムを利用して多様な骨格を作っている。毎年約2億トンの炭素である死骸・骨格が海底に堆積し、圧力で堆積石灰岩となっていく。

　二酸化炭素を固着した石灰岩、堆積岩は地殻変動により、地球内部へ取り込まれ、プレートの下に潜り込む時に圧力と摩擦で溶けてマグマとなり、火山から二酸化炭素となって再び大気中に戻ってくる。大気中の二酸化炭素は、植物に取り込まれ、光合成によって体を作る原材料となる。森林・植物に固着されている炭素量は6,130億トンと見積もられている。光合成が止まった夜、森林・

植物からは約6,100億トンの炭素が排出され、差し引き毎年30億トンの炭素が大気から植物体内に取り込まれている。植物体や動物の遺骸、糞尿が表層に供給され、植物が育つ土壌環境を作っている。永久凍土層を含む表層土壌に蓄えられた炭素量は1兆6,000億トンと見積もられ、大気中炭素の2倍量の貯蔵庫となっている。地球の内部を含む岩石圏、水圏、大気圏をめぐる生物による炭素循環が、気の遠くなるような時間営まれてきている。

　しかも人間は、産業革命以降、地球内部に封じ込められていたほんのわずかな石炭、石油、天然ガスなどの炭素を燃料として使う文明を築いてきた。森林面積を減少させ、干潟・湿地を埋め立て、今の地球環境を作ってきた生物による炭素の循環に影響を与えてきた。石灰岩から炭素を取り除いて作るセメント産業で、毎年55億トンの炭素を大気中に戻すようになった。大気中の炭素を取り込む森林を毎年700万ha以上減少させ、大気中から炭素を取り除くための貯蔵庫をなくしてきた。地球内部の岩石圏に封じ込められていた炭素を大気中に戻していた火山よりもはるかに多い量を、人間が大気中に戻すようになった。結果、数万年間約200ppm（氷河期）から290ppm（間氷期）で推移していた二酸化炭素濃度が、近年になって毎年2ppm上昇し、2016年には400ppmに達した。

　近年の気温上昇、異常気象、氷河融解が人類の生存を脅かす問題として注目され、大気中の二酸化炭素濃度上昇に焦点を当てた報道が多くなってきた。そして、原子力発電が二酸化炭素を出さないとして宣伝され、原発ルネッサンスと呼ばれるようになった。世界原子力協会の報告では、2014年12月現在、世界で437基（軍事施設を除く）が稼働中であり、249基（日本は12基）の原発が建設・計画中である。全てが稼働すれば、2兆トン以上の海水を毎年7℃以上温め続けることになる。二酸化炭素の溶解量は20℃付近では、1℃上昇毎に2%減少するので、7℃上昇すると水に蓄えられていた二酸化炭素の約15%が温められた海水から放出されてくる。大気中の50倍もの炭素を貯蔵庫している海水を原子力発電所は温め続け、海洋から炭素を大気に放出させている。人間活動による炭素貯蔵庫の変化、化石燃料燃焼に加え、最も熱効率の悪い原発から大量に地球表面に放出される熱エネルギーが、人が生存できる環境を作ってきてくれた生物による炭素循環を変化させている。

(4) 酸素の循環

　地球で鉄に次いで多い元素である酸素（約30%）は、様々な元素と結合して

存在している。特に、水素と結合した水の形で存在する酸素量は莫大な量であるが、生物が利用することはできない。生物を構成する有機物に酸素は大量に含まれ、生体を構成する元素として重要な役割を担っている。そして、人を含むすべての動物、太陽の光がない時の植物は大気中、海洋・陸水中の酸素を利用してエネルギーを作っている。大気中に含まれる酸素は21％、総量1,220兆トンである。海洋や陸水に大気中の100分の1程度（110mg/l）のごくわずかな量が溶け込んでいる。水棲生物は、このわずかに溶けた酸素を利用してエネルギーを作り、生きている。

　大気中の酸素は、植物が、光合成によって二酸化炭素から分離して大気中に放出したものである。わずかな量の酸素分子は、植物の体を作る有機物となり、堆積して分解されると、再び二酸化炭素となって大気に戻ってくる。大気中の酸素への放出と消費が釣り合っているとすると、酸素が大気中にとどまる時間は4,500年と見積もられている。酸素は植物や動物、有機物などの間を、4,500年かけてぐるぐる回っていることになる。

(5) 窒素の循環

　大気中の窒素濃度は78％であるが、窒素分子は安定していて化学反応を起こしにくく、生物による窒素の化学変化以外はまれである。窒素は生物を構成するタンパク、生物の遺伝情報を記録している核酸（DNA）に不可欠元素である。すなわち、生物によって窒素は循環されている。

　大気中の窒素はまず生物が利用できる形のアンモニアとして土壌中のバクテリアによって固定される。アンモニア化成されてアンモニウムイオンとなり、亜硝酸化細菌によって亜硝酸イオンとなり、硝化作用細菌によって硝化イオンとなり、植物に吸収されて、植物の同化作用で植物を構成する要素となる。一部の硝酸イオンはバクテリアによって脱窒化され、窒素分子となって大気に戻る。植物は動物に採食され、植物の窒素は動物の体の構成要素（図Ⅰ-1）として使われる。植物も動物もその構成要素である窒素は分解者によって再びアンモニアに戻され、循環の中に戻っていく。

　窒素固定、アンモニア化、硝化、アンモニア同化、硝酸同化、脱窒化という一連の循環を行うバクテリアや生物の同化機能が整ったのは約20億年前と報告されている。生物が生まれてから長い年月をかけ生物自身による物質の循環過程を作り上げて、環境に適応してきた。その循環の中で多種多様な生物が進化

図Ⅰ-1　窒素循環チャート

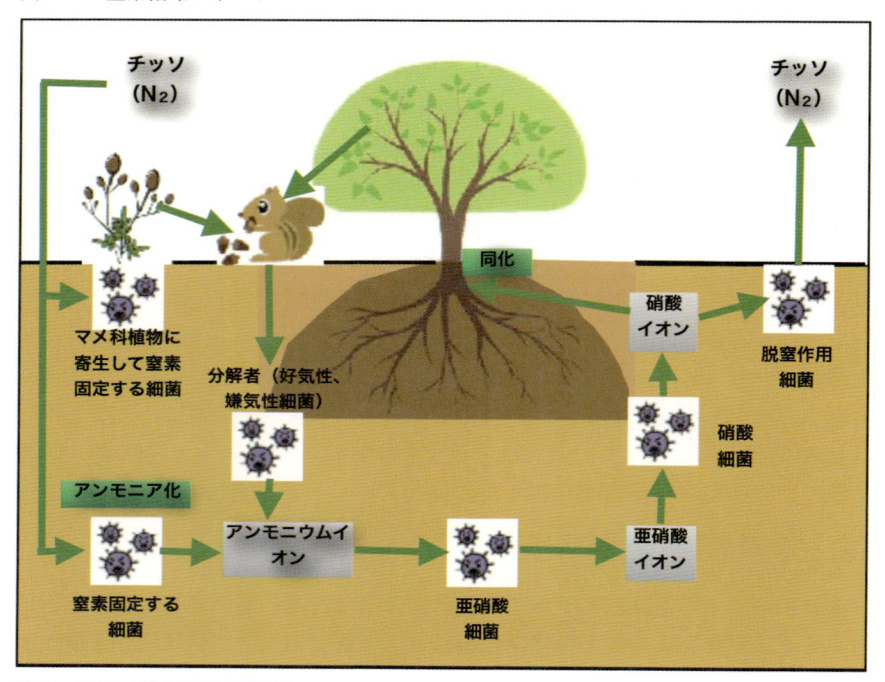

出典：EPA（米国環境保護庁）

し続け、人という生物を生みだした。

　たった20万年前に生まれた人は、生物が生まれてから20億年かけて作り上げてきた窒素循環に影響を与えるようになった。農業が始まった１万年ぐらい前から人間はいかに植物生産を向上させるかであった。かつて、人間活動は、自然の循環を促進させるだけであったが、工業化後、硝酸同化、アンモニア同化を促進させる硝酸、アンモニアなどの窒素系肥料を大量に生産するようになった。硝酸もアンモニアも動物には有害であるが、植物や微生物にとっては栄養源となる。これらが環境に放出されると、一部の微生物が爆発的に増加する富栄養化を起こす。

　人は、化石燃料を燃やして大量の窒素を大気に戻し、ゴミや汚泥を焼却してアンモニアから窒素を大気に戻す過程を生物が作ってきた窒素循環に加えた。

火薬の原料であるリン鉱石の輸入が限られていたドイツは、19世紀後半、窒素を固定してアンモニアを作る工業化に成功し、工業生産したアンモニアから硝酸火薬を作り、戦争を継続できた。火薬は爆発して、大気へ窒素を戻していく。

　人は、大量の窒素を固定し、硝酸、アンモニアを環境にばらまき農作物を大量に生産するようになったが、全く大気に窒素分子を戻していく脱窒過程を作っていない。人が大量に作り、環境にばらまいたアンモニア、硝酸イオンを脱窒化し、大気に戻す過程は生物に任せている。結果、大量のアンモニア、硝酸イオンなどの窒素が土壌や水系に蓄積され続けている。人間の発展は、生物が長い間かけて作りあげてきた窒素循環にも影響与えてきた。しかし、人間活動が急激に増大し、このバランスが崩れていくことは生物の一種である人が命を繋いでいくことに問題になる事であろう。

(6) リン、硫黄の循環

　生物を構成する元素の中でもリン、硫黄は重要な元素である。細胞膜を作り、脂肪を運び、エネルギーを作り出す元素であるリンも生物を介して循環している。タンパク、酵素、ビタミン、ホルモンなどになくてはならない硫黄も生物を通して循環している。人は工業化によってリン、硫黄を大量に利用するようになり、生物が作り上げてきたこれらの物質の循環に影響を与えるようになった。全ての物質は有限であり、生物による物質循環が、人が出現できる環境を整えてきたにもかかわらず、人々はこれらの物質循環に影響を与え続け、変化させてきた。人間活動による物質循環の変化は、いずれ人が生きていくのに困難な環境を作り出してしまいかねないと考えなくてはならない。

(7) 放射線、有害紫外線と戦い、循環を維持してきた生物

　地球の歴史は、熱力学から捉えると、地球創成期の小惑星の運動エネルギーが膨大な熱エネルギーに変わって物質に蓄えられ、その熱が宇宙に放出されて、冷えていく過程である。地球誕生時の放射性核種から捉えると、核崩壊して放射線を放出し、安定した核種に移行する過程である。人が生存できる地球環境を創ってきた生物から捉えると、有害紫外線、放射線の影響、放射性核種と戦い、環境に適応してきた歴史である。

　約40億年前、地球の最初の生物は、太陽から降り注ぐ有害な宇宙線（放射線、紫外線などを含む）の届かない海洋の底深くで誕生した。約30億年前、光合成

生物が誕生し、二酸化炭素から酸素を放出し始めた。約27億年前、地球を取り巻く地場が形成され始め、急速に現在のように強い磁場を形成していき、太陽からの放射線を含む宇宙線を迂回させるようになった。光は電荷を持たないので、地磁気に影響されず地球に降り注ぐ。地磁気が形成されたことによって、放射線曝露の危険性が高すぎて太陽光を十分利用できなかった生物にとって、光を利用するチャンスが訪れた。光を使って生物が作りだした酸素は、海に溶けていた大量の鉄を酸化して沈殿させた後、飽和状態になった海から、大気中に放出されるようになった。約20億年前、藍藻類が大量発生し、酸素が大量に放出され始め、オゾン層が形成されて、地球表面に届く、生物にとって有害な紫外線を減少させていった。遺伝子を破壊する放射線、紫外線から逃れて海の中で生息してきた生物が、誕生してから35億年かけて陸上に上がるチャンスを自ら作ったのである。

　地表に存在した半減期の短い放射性物質は、時間と共に減少したが、半減期の長いウランなどは地表付近に残っていた。大気に蓄積されてきた大量の酸素が、地表近くにあったウランと結合して水溶性ウラニル錯イオンとなり、水に溶け、地下へ移動した。お陰で、地表付近では生物にとって有害なウランが減少した。46億年という長い時間で、半減期の短い放射性核種は安定した核種に変化したが、ウラン238（半減期45億年）、カリウム40（同12.7億年）、ルビジウム（同475億年）、トリウム232（同14億年）などが、今も原子核崩壊して、放射線を出し続けている。

　生物の設計図である遺伝子は、放射線によって分断、障害を受けるため、放射線をエネルギーとして利用する一部のバクテリアなど単細胞生物を除き、生物はほとんど安定核種を使って体をつくっている。放射性同位体がある核種を使って体を作った生物は生存できなかったのであろう。カリウムは、生物の体を作る不可欠な元素の一つであり、神経伝達など生理機能の重要な役割を担っている核種である。カリウムを摂取すれば、速やかに全身に広がり、余剰分は腎臓から速やかに排出されている。

　カリウム40は、カリウムの放射性同位体で、天然に0.0117％含まれており、放射生核種による人の内部被曝の最大要因である。体重60kgの成人で約140gのカリウムを有し、約4,000ベクレル（1ベクレルは1秒間に1個の核が崩壊する単位）の放射線を出しており、カリウム40による年間被曝量は0.17ミリシーベルトと見積もられている。遺伝子を壊す可能性のある放射性同位体を有

するカリウムを、生理機能の重要な元素として利用することは、自らの設計図を破壊するリスクを負うことになる。生物は、放射性同位体核種を持つカリウムによるリスクを軽減するため、遺伝子の修復能力を獲得すると共に、カリウムを素早く体外に排出し、局所にとどめない機能を獲得してきた。カリウムの生体的半減期は、30日と短い。

　ウランが地上で減少し、地上に上がった生物が放射性核種に神経を使わなくても良くなったにもかかわらず、人は地下に潜ったウランを地上に掘り出し、濃縮し、自然では起こらない核反応から得られる膨大な熱エネルギーで海水を温める原子力発電所を作った。そして、40億年の生物の歴史において生物が遭遇しえなかったヨード131、セシウム134、セシウム137、ストロンチウム60、プルトニウムなどを創りだした。生物はヨード131と安定核種のヨードを識別する事が出来ず、取り込んで甲状腺に蓄積してしまう。カリウムと類似のセシウムは、体内半減期70日とカリウムの倍以上で、蓄積されやすい。カルシウムと類似のストロンチウム60は、骨に蓄積され、血液細胞をつくる骨髄に至近距離から放射線を当て続け、遺伝子を破壊していく。福島原発事故では、生物がこれまで遭遇したことのない膨大な量の人工放射性核種を環境に放出した。海へは今も大量に垂れ流され続けている。これらの人工放射性核種が、生物による循環にのって濃縮され、私たちの子どもたちの体にゆっくりと蓄積され、内部から崩壊させていくであろう。

3．生命・人類の歴史と未来

（1）地球生命の歴史

　偶然の結果、水が液体で存在できる位置に、適度に安定し、適度に撹乱した
地球環境ができた。適度の安定が、地球環境に生まれた生物の進化を促し、生
物は時間をかけて地球環境を変えていった。適度の撹乱が地球環境における主
役を交代させ、人類が生まれる機会を作ってくれた。環境が生物を育み、生物
がまた環境を創造し、生物によって創造された環境に適度な撹乱が起き、その
変化に適応できなかった生物種は絶滅していったのである。現在のところ推定
されている約50億年の地球史の出来事を表 I -3 にまとめた。これらのほとん
どの出来事は人類誕生のために不可欠なものであったと考えられる。

表 I -3　現在、地球史において起きたと推定されている出来事

推定年代	出来事	推定年代	出来事
50億年前	太陽の誕生	2億年前	三畳紀／ジュラ紀境界大絶滅
46億年前	地球、土星の誕生	6千5百万年前	白亜紀／古第三紀境界大絶滅
43億年前	生物の誕生	4千5百万年前	インド亜大陸の衝突
32億年前	藍藻類の誕生	2千3百万年前	南極大陸を氷が覆い始める
27億年前	地磁気の発生	8百万年前	類人猿誕生
24億年前	大気中酸素の発生	2.5百万年前	南北米大陸衝突
22億年前	全球凍結	20万年前	人類誕生
10億年前	多細胞生物誕生	12万年前	人類絶滅の危機
7.4億年前	全球凍結	7万4千年前	インドネシアトバカルデラ噴火、人類絶滅の危機
5.5億年前	カンブリア大爆発	1.5万年前	氷河期の終わり
4.5億年前	オルドビス／シルル紀境界大絶滅	1.28万年前	北米に小惑星墜落
4.1億年前	生物の陸上進出	1.16万年前	北米に小惑星墜落
3.7億年前	デボン紀後期大絶滅	6千年前	縄文海進ピーク
2.5億年前	ペルム紀大絶滅	5千年前	縄文海退

地球における生物は、生物種の7割以上が絶滅する大絶滅を少なくとも5回経験していると報告されている。約4億5,000万年前のオルドビス／シルル紀境界（85％の生物種が絶滅）、3億7,000万年前のデボン紀後期（同82％）、約2億5,000万年前のペルム紀（同96％）、約2億年前の三畳紀／ジュラ紀境界（同76％）、6,500万年前の白亜紀／古第三紀境界（同70％）である。ペルム紀大絶滅は、地球史上最大の絶滅と考えられており、地球に生息する種の実に96％が絶滅したと推定されている。絶滅の原因は、地球内部から吹き出したマグマによる急激な温暖化と環境変化と言われているが、海洋生物種の絶滅が説明できず、原因についての評価は定まっていない。大型恐竜を絶滅させた白亜紀／古第三紀境界大絶滅は、同時期にできたと推定されるクレーターがユカタン半島で発見され、境界地層におけるイリジウム異常と高圧変性鉱物から隕石の衝突によるものと考えられるようになってきた。

　地球環境で誕生した生物種の99.999％は絶滅している。人類は地球環境に生まれた生物種の一種である。ということは、人類の絶滅は不可避な出来事なのかもしれない。であるなら、いつ、どのように人類は絶滅する可能性があるのかを予測しなくてはならない。そして、与えられた適度に安定し、適度に撹乱した地球環境において、生物種として命を全うするべく絶滅を避け、可能な限り長く生存していくために、どのような人間社会を構築していかなくてはならないか、常に考え、人類全体で持続可能な地球環境社会を構築することができる価値観を共有し、共に協働しなくてはならないことは自明のことである。

(2) 絶滅の危機を乗り越えてきた人類の弱点

　地球史において、地球上に常に氷が存在しているのは、ほんのわずかな期間である。2千数百万年ぐらい前に、南極大陸が極地に移動したことで常に氷が覆い始め、地球のアルベド効果が徐々に上昇し、気候はゆっくりと寒冷になり始めた。インド亜大陸が、ユーラシア大陸に衝突してできたヒマラヤ山脈が徐々に高くなり大気の流れを変化させ始めた。250万年前、南北アメリカ大陸が衝突して、大西洋と太平洋が分断され、大西洋の海流の流れをグリーンランドの近くまで運ぶようになった。結果、北極を常に氷が覆うようになると、アルベド効果がさらに増大し、ミランコビッチサイクルによる日照量変化の影響よって、地上の多くの地域を氷が覆う寒い氷河期と少し暖かい間氷期を繰り返す氷期と呼ばれる寒冷な気候が出現したと考えられている。

　約800万年前、チンパンジーから分かれて直立二足歩行を始めたホモ属は、寒冷になり始めた環境に適応して、多様な種に分化してきた。しかし、ネアンデルタール人、クロマニヨン人、デニソワ人、フローレス人など多くの種は絶滅し、現在、我々ホモ・サピエンスだけが生存していると考えられている（異論は多くある）。生物が分化していくとき、交雑が起きることはよく知られており、これらの絶滅した種の遺伝子は、ホモ・サピエンスと共存する過程において、我々の遺伝子の中に取り込まれて、我々の遺伝子の多様化に寄与してきたことは間違いないであろう。

　20万年前（多くの異説があり、定まっていないが）、東アフリカで誕生したと考えられているホモ・サピエンスの生存も容易なものではなかった。12～13万年前、厳しい寒冷化と乾燥した気候のため、ホモ・サピエンスが依存してきた生態系の生物生産性が減少し、人口は南部アフリカの沿岸に生存していたわずか200人程にまで減少し、絶滅の淵に追いやられていたと報告されている。

　20世紀の2番目の規模の噴火であった1991年のフィリピンのピナツボ山噴火は、約$10km^3$のマグマを噴出したと推定されている。地球を微細な火山灰が覆い、数年間、日照量が減少して地球全体の温度を3℃弱下げたため、日本では米の生産量が落ち、平成の米騒動と呼ばれる現象が起きた。日本人にとって身近な存在である火山の大規模な噴火が地球全体に与える影響を、主食である米の生産量低下という生活に直結する形で思い知らされることとなったのである。

　しかし、過去2,500万年間で最大と報告されている7万4,000年前に起きたインドネシアのトバ山のカルデラ噴火（噴出量$100km^3$以上の噴火のこと。破局噴火とも呼ばれる：石黒耀著『死都日本』で用いられた用語。その後、破局噴火という言葉は一般的に用いられるようになった）では、ピナツボ火山の280倍、実に$2,800km^3$という膨大な量のマグマを噴出した。わずか約$10km^3$の噴出であったピナツボ火山が地球全体に与えた影響からも、トバ山カルデラ噴火が地球全体にもたらした影響の大きさが想像できる。トバ山カルデラ噴火によって噴出された火山灰が地球を覆い、"噴火後の冬"を起こした。この冬の出現で、地球は急速に寒冷化し、地球全体で3～5℃、高緯度地域では15℃も気温が低下した。同時期にホモ・サピエンスの遺伝子の多様性が急速に失われており、人口は2,000人まで減少し、再び人類は絶滅の淵に追いやられたと推定されている。

　この2回の人口減少によって、ホモ・サピエンスの遺伝子の多様性は失われ、

他の生物種と比較して極めて均一になったため、ウイルスなど病原微生物の感染性が高くなった。そのため、ペスト、コレラ、天然痘などによるパンデミック（死亡被害が著しい世界的な規模の感染流行）が人類を襲い、数千万人（当時の人口に比して膨大な数）を死に至らしめてきた。WHO（世界保健機構）は、今後、高病原性H5N1型鳥インフルエンザ、エボラ出血熱、マールブルグ病、SARS、コンゴ出血熱などにより、数億人規模の死者が出るパンデミックが起きる可能性を警告し続けている。

（3）近い将来確実に起きる破局噴火

　ホモ・サピエンスが誕生する以前であるが、約60万年周期で破局噴火を起こしてきたアメリカのイエローストーンカルデラ（国立公園）が、64万年前、人類を絶滅の淵に追いやったトバ山カルデラ噴火に匹敵する噴出量2,500km^{3}の破局噴火を起こしている。イエローストーンカルデラは、すでに最後の噴火から60万年以上経過していることから、いつ噴火してもおかしくない状態である。現在、調査によって、イエローストーンカルデラの地下には9,000km^{3}のマグマがたまっていることがわかっている。イエローストーンカルデラは年間1,000〜2,000回の計測可能な地震が起きているが、2014年、1980年以来最大の火山性地震が群発したため、破局噴火の可能性があるとして緊張感が高まり、アメリカ政府は対策の検討を開始した。その後、火山性地震は収まっている。イエローストーンカルデラが破局噴火した場合、アメリカの西半分は2m以上の火山灰に覆われ、半径1,000km以内に住む住民の90％は火山灰によって窒息死し、地球平均気温は10℃以上低下した状態が10年程度続くと見積もられている（『サイエンティフィック・アメリカン』誌）。7万4,000年前、人類を絶滅の淵に追いやったように、次のイエローストーンカルデラの破局噴火は、人類を再び絶滅の危機に追いやる可能性は十分あると考えておくべきであろう。

　日本におけるカルデラ火山の数は、報告者によって異なるが、東北25ヶ所、北海道14ヶ所、九州11ヶ所など数多くあり、多くは今も活動中である。最大の屈斜路カルデラに次ぐ大きさの阿蘇カルデラは、約9万年前に破局噴火を起こした。見積もられている噴出量は384km^3（見かけ状の体積600km^3：ほぼ富士山の山体全てが粉々になって吹き飛ばされたことになる）を超えていたと推定されている。火砕流は200km^{3}以上発生し、海を越えて山口県秋吉台にまで到達している。調査によって、この時の火山灰が北海道を除く日本列島のほぼ全

域を15cm以上覆っていることがわかっている。現在、周期的に噴火してきた阿蘇カルデラは、イエローストーンカルデラと同様にいつ噴火してもおかしくない状態であると考えられている。

　7300年前には、鹿児島県にある鬼界カルデラが100km³以上のマグマを噴出する破局噴火を起こしている。この噴火によって、関東地方でも10cm、神戸、大阪では20cmの火山灰が降り積もっている。火山灰に覆われた九州、四国などの地域では、縄文人は死亡するか、移動して、無人となったと推測されている。今、阿蘇カルデラが噴火した場合、少なく見積もっても西日本全域は20cm以上の火山灰で覆われることは確実で、結果、人は死亡するか、移動するしかないと予測されている。

　いつ破局噴火を起こしても不思議ではないカルデラ火山が多く存在する日本、人類を絶滅の淵に追いやるかもしれないイエローストーンカルデラがあるアメリカには、それぞれ54基、100基の原子力発電所が存在している。アメリカには、原発に加えて、約9,400発の原爆を保管している軍事施設と20万トン以上の原爆製造時の使用済み核燃料と70万トン以上の固体放射性廃棄物を保管している施設がある。原子力発電所内には、環境に放出された場合、地球の高等生物種を根絶やしにできるだけの膨大な量の人工放射性核種を含む使用済み核燃料が、冷却されながら保管されている。一つの破局噴火だけでも人類の生存に大きな影響を与えることが明らかであるにもかかわらず、環境に放出された場合、人類の息の根を止める放射性物質数十万トン以上が、破局噴火をいつ起こしてもおかしくないカルデラ火山の近くに火山の破壊力に比べて極めて貧弱な施設の中に存在しているのである。

(4)　ごく最近の地球環境の撹乱と生物の絶滅

　人類、ホモ・サピエンスは2度も絶滅の淵に追いやられたが、幸運に助けられ、ゆっくりと人口を増加させることができた。そして、アフリカ大陸から出て、氷河期と間氷期を繰り返す地球上に常に氷が存在する氷期と呼ばれる寒冷な気候に適応して、世界中の陸地に生息域を広げていったと考えられている。

　約1万3,000年前、現在のカナダ全域とアメリカ北北部は深さ3km以上の氷河に覆われていた。およそ1万2,800年前、北米で分厚く陸地を覆っていた氷河に隕石／小惑星が墜落し、氷河が一気に融解したことがわかってきた。その氷河の融解で、北米大陸全体が氾濫原と化した。この環境の撹乱から回復した

頃、約1万1,600年前、再び、隕石／小惑星が北米大陸に墜落し、今度は生物の重要な生息域である森林の大部分が焼失したと報告されている。このわずか数千年程の間の撹乱の影響によって、アメリカ大陸に生息していた大型哺乳類の85％が絶滅したと推定されている。ユーラシア大陸では45％を絶滅させたが、アフリカ大陸への影響は15％程度と最も少なかったと見積もられている。これらごく最近の隕石／小惑星による地球環境の撹乱の結果として、アフリカ大陸は、アフリカゾウ、サイ、キリン、カバなどの大型哺乳類が最も多く生息する地域となったのである。

2013年2月15日、直径15mの隕石が大気圏に突入し、ロシア連邦チャビャリンスク州で強い閃光を放つ物体として観測され、その衝撃の大きさが広くインターネットで拡散された。1908年、シベリアの約2,000km^{2}に広がる8,000万本の木をなぎ倒したツングースカ大爆発は、広島に落とされた原爆の1,000倍の爆発規模であったと報告されている。2013年、爆発の中心地を調査したチームは、泥炭に残る微量物質から隕石由来の爆発であったと報告している。どれぐらいの大きさの隕石／小惑星であったかは不明であるが、小さな物体でも大きな影響があることはこれらの事例からも明らかである。

これらの出来事が示すように、地球環境の撹乱はいつ起きても不思議ではない。直径1km程度の小さな隕石／小惑星であっても、地球に墜落した場合、その影響による環境の撹乱が、多くの生物を絶滅させることは明白である。地球は、公転軌道上、6月から7月、10月から11月にかけて太陽の周りを回っている小惑星が多く存在しているところを通ることが知られている。すなわち、我々は、人類を含む生物種の大量絶滅を引き起こす可能性のある撹乱が起きる時期を、毎年2回迎えているのである。たまたま偶然、この5,000年程大きな撹乱は起きず、平穏であっただけである。

アメリカのNASAは、地球と衝突する可能性を予測することを目的に、地球の近傍に来る直径140m以上の隕石／小惑星を90％以上発見するプログラムを開始した（Near Earth Objects Program: http://neo.jpl.nasa.gov/neo/）。2016年11月現在、NEOsプログラムによって、地球に墜落し、災害をもたらす可能性がある小惑星が1,731個発見され、その軌道が監視されている。

2004年、サッカー場の3.5倍の大きさの小惑星「2004MN4」が発見され、2029年の地球最接近時に、衝突する可能性が2.7％あると報告された。しかし、詳細な観測の結果、2029年に衝突することはほぼないと2013年1月に発表された。

2013年10月、直径2km、19km、20kmの地球近傍に近づく小惑星が次々と見つかり、地球への衝突の可能性を判断するための詳細な観測が続けられている。2015年10月10日、直径約600mの小惑星が発見され、月との距離の1.3倍のところを21日後の10月31日に通ることが判明したが、地球衝突の可能性は99%ないとされた。2016年9月5日に発見された7〜16mの小惑星は、その2日後の9月7日に地球からわずか4万km（月との距離の10分の1程度）のところを無事通過してくれた。

　これらの事例が示すように、地球に衝突すれば大きな影響がある隕石／小惑星を早期に発見することは現在の技術をもってしても容易ではない。さらに、直径数十mの小さな隕石であっても、この地球上で稼働している原発、核爆弾を有する軍事施設に落ちない、あるいは、それらの近傍で爆発しないという保証は神様はしてくれないであろう。

（5）　恐竜の絶滅時と似てきた人類

　96%の生物が絶滅した史上最大のペルム紀大絶滅によって、それまで地球環境の主役であった大型両生類が絶滅し、恐竜類の支配時代が幕開けした。恐竜類の支配した長い期間は、ゆっくりと寒冷化していたと推定されている。白亜紀末期、史上最大級の肉食恐竜の一種と言われるティラノザウルスは、6,850万年前から6,500万年前まで約350万年間生存していたと報告されている。ティラノザウルスが恒温動物であったかどうかについて確定はしていないが、ゆっくりとした寒冷化に適応して、幼体は体温を保つため羽毛で覆われていたことが明らかになっている。地球環境のゆっくりとした変化に対しては、生物種は自らを変化させることで対応することができ、大きな撹乱がない場合、地球に生息する生物の主役の交代は起きなかったと考えられている。しかし、6,500万年前、メキシコのユカタン半島に直径約15kmの小惑星が衝突し、地球上の生物種の70%が絶滅し、1億年以上の間、地球環境の主役であった大型恐竜類が姿を消したため、哺乳類に主役が回ってきて、ヒト科、ホモ・サピエンスは誕生することができた。

　最近、この大型恐竜類の絶滅の理由について、もう一つの要因があったのではないかという報告が出された（『サイエンティフィック・アメリカン』誌）。恐竜類が、地球上で長期間大繁栄している間、彼らの依存する生物種の多様性が徐々に減少していたと報告されたのである。この報告の中で、小惑星の衝突

だけで70％もの生物種が絶滅し、大型恐竜類全てが死に絶えたのではなく、大型恐竜がその生存を依存していた生物の多様性が徐々に減少していたことに加えて、大きな撹乱が起きたことが地球規模の大絶滅につながったのではないかと推論している。

　地球は今、第6回目の生物の大絶滅を迎えている。過去のいずれの大絶滅よりも速い速度で生物種が絶滅していると警告されている。陸上生物の主たる生息域である森林は、減少し続けており、1990年からの22年間で世界が失った森林146万km^{2}の66％以上は、地球の陸域生物が半分以上生息しているといわれる熱帯雨林地域のブラジル、ベネズエラ、インドネシア、マレーシア、パプアニューギニア、コンゴのたった6ヶ国が失った熱帯雨林である。人間の経済活動によって海洋汚染は拡大し続け、砂漠は拡大し、土壌は汚染され、干潟は埋め立てられ、河川、湖沼は消失し、処理できない人工放射性核種を含む使用済み核燃料と核爆弾は増加し続け、事故を起こした福島第一原発からは放射性物質が垂れ流され、結果として、生物の多様性が急速に失われているのである。小惑星の衝突によって絶滅した恐竜類の状況とヒトの状況が非常に似てきたといえる。

　生物多様性の減少の原因は、人間の経済活動によるものであることは明白である。1992年、リオ・デ・ジャネイロで開催された国連環境と開発評議会（後の地球サミット）において、生物多様性条約が採択されたが、20年経っても、成果はほとんどない。この状態に加えて、イエローストーンカルデラの破局噴火、あるいは、直径数kmの小惑星衝突の撹乱が起きれば、6,500万年前に全ての大型恐竜類が絶滅したように、多くの生物種とともに人類が絶滅する可能性は高いと考えておかなくてはならないのではないだろうか。

(6) 人類は知恵を持った愚かな生物なのであろうか

　人類の絶滅は不可避であると考える科学者は少なくない。しかし、地球に生まれた生物種の一種として、知恵と知能を蓄えた生物種として、絶滅を回避するために知恵を絞り、考え、行動することは、人類の使命である。

　大航海時代から植民地帝国主義時代、近代、現代と続く過去500年の人類の歴史はいつも支配、搾取、紛争、戦争の歴史であった。科学技術も、経済活動も、主に人を支配するため、戦争のために開発されていったと言えなくもない。現在の経済活動は、所有権が設定できる物は他の人に十分な量存在する物だけ

である、お金は富の蓄積に使われてはならない、という資本主義成立の前提条件を意図的に削除し、あるいは隠蔽して、拡大し続けてきた。所有権が設定できないはずの限られた存在である土地や有限な物に所有権を設定し、借金担保としてお金を増やしてきた。物とサービスを交換する物差しであるはずのお金に、利子という概念が付けられた時から勝手にその物差しが伸び縮みして、他者から、他国から富を搾取して、蓄積する手段として使われるようになってしまった。結果、人と人、国と国の間の格差は常に拡大し続けている。

　地球上に誕生した生物種において、生存のため、自らの遺伝子を残すための同種間の争いが起きることはあるものの、同種で大量に殺戮し合う生物種はホモ・サピエンス以外に存在しない。近年、人類は自らの存在を地球の外から眺める技術を獲得し、太陽系、さらには宇宙における自らの小さな存在を認識できるようになった。さらに、様々な科学的な調査手法によって、隕石／小惑星の衝突、破局噴火などの過去の出来事とその影響について詳しく理解し、未来をかなりの確度で予測することができるようになった。人類の生存は多様な生物種、生態系があって初めて可能になっているとの認識に立ち、1992年、種内、種間、生態系の多様性を保全することで人類の生存率を高めようという生物多様性条約がリオ・デ・ジャネイロで採択され、ほぼ全ての国と地域が調印、批准している。しかし、借金を拡大させ、他人、他国からお金を手段として富を搾取、蓄積する経済活動は拡大し続け、紛争は止まることなく続いている。折角、宇宙、太陽系、地球システムを理解する知識や技術を獲得して、自らの存在の状況について理解が進み、未来を予測できる能力を獲得したにもかかわらず、蓄積するために富を奪い合う経済活動によって、人類は自らを絶滅の可能性が高い方向に向けて行動しているのである。

　例えるなら、私たち人類は、国家というバスに乗って、企業というバスに乗って、経済活動というアクセルを目一杯踏み込んで崖に向かって全速力で走り、ブレーキを踏んだバスが負けという夢も希望もない競争をしているのである。政治家、企業経営者、官僚などのバスの操縦席に座っている人たちは、少しでも速度を上げ、他を引き離すべく、他のバスから燃料（富）を奪うことを命題として判断し、行動している。人類は、これまで何度もどのように行動しなくてはならないか議論し、国連人間環境宣言（1972年）、環境と開発に関わる世界委員会報告書「我ら共有の未来（Our Common Future）」（1987年）、アジェンダ21（1992年）、環境と開発に関するリオ宣言（1992年）、地球憲章

（2000年）、持続可能な発展のための教育の10年（2002年）、などの行動計画を作ってきたが、具体的な成果は皆無と言っていい状態である。バスのブレーキを踏み込み、バスを止めて破滅への競争を中止し、バスから降りて、科学の目で周りを詳細に観察し、どの方向に進めば絶滅を回避し、地球に生まれた生物種として、種の生存という命題に答えを見出せるのかを考え、新たな方向に進み始めなくては、今の大人は人類の絶滅への引き金を引いた世代として、子どもたちから厳しく非難されることを覚悟しておかなくてはならない。北米先住民クリー族に伝わる言葉「最後の木が死に、最後の川が毒され、最後の魚を取り終えた時に、人はようやくお金が食べられないことに気づくのだ」は、現在の人間社会を顕著に表している。バスが崖から墜落するまで残された時間がどれだけあるのか全く知らないまま、崖に向かって全速力で走り続ける程、我々は知恵を持った愚かな生物なのであろうか。

地球にとっての環境問題って？

　地球環境問題、地球の危機、という言葉が巷にあふれるようになってきた。GEF（Global Environment Facility）のプログラムでは、地球環境問題として、オゾン層の破壊、温暖化・気候変動、森林破壊、砂漠化、海洋汚染、生物多様性減少の6分野を掲げている。でも、46億歳の地球にとって本当に問題なのであろうか。

　46億年間地球は大きな変化を遂げてきた。およそ10個の小惑星が衝突して地球ができた後も8回程巨大隕石が衝突し、地球の表面が4,000度の岩石蒸気で覆われた。二酸化炭素を食べて、酸素を排出する生物が現れ、生物による物質循環が始まった。そして、大気中に酸素が現れ、オゾン層が地球を覆うようになり、地上に届く生物に有害な紫外線量が減少した。地球内部から噴き出したマントルによって、95％の生物が絶滅したこともある。6,500万年前には隕石が衝突し、数千万年地球を支配してきた恐竜を全滅させた。哺乳類が支配するようになった後も、170万年前から氷河期と間氷期を繰り返し、気候は大きく変化してきた。2万2,000年前、最後の氷河期が最盛期を迎え、氷河が北極、南極から大きく拡大し、海面の位置は現在より200m以上下がった。1万5,000年前、氷河期が終わると、海面は急速に上昇し、6,000年前には今より3〜5m高くなった。4,000年前には縄文海退が始まり、今の海面に至っている。

　20万年前、生物圏にあらわれた火を使う人間は、石油というエネルギー源を得て、生物の命の連鎖である物質循環に障害を与え、水分子によるエネルギー循環を変化させ、また、オゾン層を破壊する化学物質を放出し、地上に届く生物に有害な紫外線を増やした。しかしながら、地球の歴史的な変化に比べれば、人間が作り出した変化は、これまでの地球の変化に比べたら誤差範囲であるかもしれない。人間の存在は、地球という星にとっては取るに足らないものである。人間が生存していようがいまいが、地球はどっしりとして、これからも少なくとも数十億年は存在していく。地球の危機とは程遠い状態であるのに地球環境問題、地球の危機という言葉が使われている。この一連の問題は地球の危機ではなく、我々の子どもたちが、子孫が生きていくことを脅かす地球規模の環境問題であり、人間社会の問題なのである。

　どうして、地球環境問題とか、地球の危機といった言葉がはやるのか。自身とは関係がない大きな問題であるという心理なのか、科学者の脅迫なのかわからな

い。しかし、自分が、企業が、政府が、人間社会全体が変わらなくては我々の子どもや子孫の命を厳しい危機的状態に陥れてしまう。人間社会全体の問題を解決するため、親として、企業として、国家としてすぐに行動を開始することが不可欠である。

第Ⅱ章

人間活動と地球環境問題

坪 内 俊 憲

はじめに

　枯渇する水、増え続ける汚染と廃棄物、行き場なくさまよい続ける放射性廃棄物、減少し続ける森林、分断される命の循環、地球の歴史上のどの時代の絶滅速度よりも速く絶滅する生物種。

　人間活動は、明らかに有限の地球の生態系の許容量を超え始めた。人間社会が初めて直面する地球環境問題から、どの国も、誰一人その影響から逃れられることはない。我々の次の世代は、好むと好まざるとにかかわらず我々の残した地球環境で生きてゆかなくてはならない。地球環境問題に対処するため、予防原則にのっとり、現状を理解し、どのように判断し、協働して行動することが私たちに求められている。未来の人間社会を作っていく若者たち、子どもたちに、"地球で共に生きていく力" を授けていくのは、人間活動によって大きな変化にさらされていく地球環境を遺してしまう今の世代の義務である。

1. 崩れていく地球生物圏のバランス

(1) 消えていく水と氷河

1　人間が使える水の量

　地球上に存在する水は約14億km^{3}あるが、そのうち淡水は2.5％のみである。淡水のうち、南極や氷河の氷が68％、河川、湖沼や地下水が32％、そして、実際に人が利用できるところにある水は0.32％（地球全体の水の量の約0.008％）しかない。経済発展とともに、使う水の量は急激に増え、過去100年で、一人当たり3.7倍、全体の使用量は6.8倍になっていると報告されている。もともと人が容易に利用できる淡水の量は少なく、加えて、経済発展とともに一人当たりの水の使用量が増え続けているので、水を利用できない地域とその人口増加は必至である。2050年、人口90億に達すると推測されているが、その約8割に安全な水は届かないといわれている。

2　融解する氷河

　広大な地域において、氷河は人間が利用できる水を供給してきた。中央アジアなど雨が少ない地域において、数千年以上、氷河は命の水の源であった。ヒマラヤに源を発する流れは、広大な地域に命の水を提供してきたが、今、ヒマラヤの氷河は世界で最も早いスピードで融解している。このスピードで融解すると、2035年までにすべてが消滅する可能性がある。この氷河が消失すると、10億人以上の人が命の水を失うことが推定されている。1910年当時、アメリカ、モンタナ州の氷河国立公園では150の氷河が記録されていた。現在は30足らずが残るのみである。残っている氷河の面積も30％以上縮小している。ヘミングウェイの小説で有名な、タンザニア最高峰のキリマンジャロの雪は80％が融解したと報告されている。

　世界各地で融解が加速度的に進む氷河は、人を含む多くの生物の命を支えてきた水の枯渇を意味すると同時に、水力による電力供給の機会を失うことも意味している。氷河の融解は、また、海面を毎年0.77mm上昇させていると報告されている。

　北極の氷は、国連の「気候変動に関する政府間パネル」（IPCC）が2001年に

予測したより40年早く溶けていると2007年に報告された。IPCCの2013年第5次報告では、1978年以降、2012年まで夏季の海氷面積は10年毎に3.5〜4％狭くなっており、二酸化炭素排出削減ができなかった場合、2100年までに北極の氷は夏にすべてなくなると予測されている。南極では、2002年初め、3,240km^{2}のラーセン棚氷が崩壊した。棚氷は、氷河が海に流れ込むのを止める役割をしている海に張り出した氷である。この棚氷がなくなると、氷河の流れは加速度的に速くなると予測されている。棚氷が次々と崩壊していくことが危惧され、その結果西南極氷床の流れが速くなり、海に流れ込めば、それだけで海面は6m上昇すると予測されている。

　さらに同報告では、今世紀末には海面が22〜82cm上昇すると予測されているが、新たな事実が次々と明らかになるとともに、最悪のシナリオが現実味を増してきている。

3　途絶える大河

　チベット高原に源を発し、中国北部平原を悠々と流れ、渤海湾に注ぐ全長5,464kmの黄河は、中国で母なる川と呼ばれている。黄河は1億5,000万人の生活を支えるとともに、膨大な量の生物種に生息地を提供してきた。しかし、黄河水源のある青海省のチベット高原の2,000を超える氷河は急速に融解している。2014年12月、中国科学院寒冷地・乾燥地環境工学研究所は中国西部の氷河は年平均243.7km^{2}減少していることを報告した。

　流域の森林は、経済界発展のため伐採され続け、減少し続けている。流域で農業生産を拡大するため、効率の悪いダムが次々と建設され、大量の水が農地に引き込まれた。建設される工場群、その操業を支える水を大量に黄河から取水した結果、ついに、1972年、黄河は渤海湾にまで流れ込むことができず、断流した。最初の断流は19日間、276kmであったが、その後、黄河は頻繁に断流するようになり、1991年から1999年まで断流の距離も、期間も増加し続けた。1997年は700kmが半年以上にわたって断流した。節水、水利用効率の改善で、2000年以降、断流は発生していないと中国政府は発表している。しかし、水不足と工場排水汚染による生態系への被害は深刻であり、川として生態系をつなぐ機能は失われつつある。

　世界第3位の長さの揚子江は、黄河と同じ青海省のチベット高原に源を発し、中国中部を流れ東シナ海へ注ぐ。その流域には、成都、武漢、重慶などの重要

工業都市、上海、南京などの商業都市が発達し、GDPの4割を産出し、全流域人口は4億5,000万人以上と報告されている。しかし、黄河と同じように水源の氷河は急速に融解、消失し、森林率減少、農業、工業による過剰な取水と汚染で、極めて危険な状態になりつつある。広域調査の結果、中国の科学者は、「長江の生態は極めて危険な状況にあり、解決しないと10年以内に崩壊する恐れがある」との見解を公表した。このような状況にもかかわらず、黄河流域の水不足を補うため揚子江の水を北の乾燥地にひく計画が進められている。

　黄河、揚子江、ガンジス川などの世界の大河の水量は、氷河や森林率の減少、そして、経済発展による過度の取水によりいずれも減少傾向にあると報告されている。

4　消えていく湖

　かつて、世界4番目、琵琶湖の約100倍の広さをほこっていたアラル海は、2014年9月、NASAが公表した衛星画像で消失しかかっていることが報告された（2014年10月3日、朝日新聞）。流入河川のアム・ダリア川は、タジキスタンのパミール高原を水源とし、ウズベキスタンを2,400km流れ、もう一つの流入河川シル・ダリア川は、キルギスタンの天山山脈に源を発し、カザフスタンを通り、2,200km以上を流れてアラル海に注ぎこんでいた。氷河の後退に加えて、流域の乾燥地帯で農業生産を拡大するために河川の水を大量に利用したため、アラル海に流れ込む淡水が激減した。残ったアラル海の塩分濃度が上昇し、魚類が絶滅、水産業は消滅し、水産で成り立っていた町は消えていった。2005年、水量を管理するダムが完成し、北にある湖の一部面積を広げることに成功し、魚類がわずかだが、戻りつつあったが、周辺の降水、降雪が少なかったことで北部、西部を残してほぼ消失した。

　モンゴルでは琵琶湖と同じ大きさのウラン湖が2000年に消滅し、周辺の遊牧民の命の水が消え、住民は移動を余儀なくされた。その他、チャド湖、アメリカのソルトン湖などたくさんの湖が人間活動の影響でアラル海と同じような状態にあり、周辺の住民生活、町の存在を脅かしている。

(2) 汚染される土壌、大気と海洋

1 広がる土壌汚染

　土壌汚染とは、土壌中に人が作り出した重金属、有機溶剤、農薬、油などの物質が、自然環境や人の健康・生活へ影響がある程度に含まれている状態をいう。土壌汚染という場合の土壌とは、不動産評価などにも直接かかわるので、土壌という科学的な定義とは異なり、広く土地、地盤ということを意味して使われている。土壌汚染の多くは、地下貯蔵タンクの破損、殺虫剤・除草剤・殺鼠剤などの散布、汚染された表面水の地下への浸透、石油系燃料の不法投棄、廃棄物埋め立て地の漏水、産業廃棄物の土壌への直接投棄、などが主な原因となっている。最も多い土壌汚染物質は石油系炭化水素、有機溶剤、殺虫剤、鉛を含む重金属であり、六価クロム、ダイオキシン、硫酸ピッチ、テトラクロロエチレン（ドライクリーニングの洗浄剤）などである。これらの化学物質の使用は、国の経済成長とともに増加し、土壌汚染もそれとともに増加していく。

　土壌汚染の最大の問題は直接、あるいは汚染された水を介して2次的に人が触れたり、摂取したりする公衆衛生上の問題である。また、土壌汚染の特徴として、人が直接体感しにくいことがあげられる。においや、刺激がある非常に有害な物質であっても、地下に浸透することによって人が直接感じることが少なくなる。これらの有害物質を取り扱う事業者、個人が、意図的に地下に廃棄しても、周辺住民が発見することは困難である場合が多い。さらに、これらの汚染は極めて長期にわたり蓄積し、また、広範囲に拡散していく可能性が高い。汚染が拡散し、離れたところで発見されても、汚染原因者負担の原則を適用するために原因者を特定することは難しい。先進各国では、汚染された土壌の地図を作成し、その拡散と管理制度を強めているが、判明しているのは氷山の一角といわれている。これらの汚染物質を扱う事業者は、管理のゆるい、あるいは法律を恣意的に運用できる途上国に工場を移転させており、先進国による管理強化は土壌汚染の輸出を作り出しているともいえる。

　1970年からの中国の驚異的な経済発展は膨大な量の土壌汚染を引き起こし続けており、環境汚染、土壌汚染から搾取された経済発展であるともいわれている。中国環境保護局はサンプリング調査を実施し、10万km^{2}の農地がすでに汚染されており、2万2,000km^{2}が汚染された水源を使って灌漑され、1,300km^{2}の土地が廃棄物によって覆われていると報告した。この数字は、中国の農地10%

以上が土壌汚染されていることを意味している。結果、1,200万トンの穀物が重金属によって汚染され、2,600億円の損害を与えている。

　日本における土壌汚染は、カドミウムに汚染された米が発見されたことが契機となって、農地の土壌汚染が発見されたことがある。土壌汚染対策法制定後、工場跡地などが住宅地として転売された場合、建設前の検査によって土壌汚染が発覚し、周辺地域で社会問題化する場合が多くなってきた。しかしながら、現在、土壌汚染は局所的、地域的な社会問題にとどまらず、日本に輸入された事故米の流通事件の例を出すまでもなく、グローバル経済下の世界各地で人の健康問題を引き起こすようになった。中国でメラミンが混入したミルクが加工食品に用いられたため、中国国内にとどまらず、日本を含むアジア各地に汚染された食料品がばらまかれ、国際的な問題となった。世界に商品となってばらまかれるため、かつての土壌汚染のように公衆衛生的な影響が地域内にとどまらず、どこでどのような人たちに公衆衛生上の問題を引き起こすかという予測を困難にし、対策が立てにくくなってきている。

　土壌汚染は、もちろん、公衆衛生的な問題だけでなく、生態系への影響も大きい。汚染物質、あるいは有害代謝産物を蓄積した土壌細菌や微生物が、食物連鎖によって、他の種に対して壊滅的な影響を与える場合がある。これらの生態系への影響の多くはまだよくわかっていないが、継続したDDT汚染による鳥類の繁殖に対する影響など少しずつ証明されるようになってきた。農地の土壌汚染では、穀物収量に負の影響を与えることが知られている。多くの汚染物質の半減期が長期間であり、土壌洗浄などの汚染対策は非常にコストのかかるものとなっている。

2　国境を超えて拡散する大気汚染

　大気汚染は、人為的に大気圏に放出された有害物質により、人の健康や生命にかかわる悪影響、生態系、動植物種に悪影響を与えることを意味している。大気汚染は、産業革命後、欧米で始まり、産業の発展とともに急拡大していった。日本では、1960年〜1972年にかけて、石油化学コンビナートから排出された硫黄酸化物が、四大公害病の一つ四日市ぜんそくを引き起こした。窒素酸化物、炭化水素が原因となって発生する光化学スモッグも大都市圏で人の健康に影響を与えた。最近では、アスベストを吸い込んだ人が中皮腫を発症し、大きな社会問題となっている。

　日本では、大気汚染防止法において原因となる物質を下記のように定めている。

ばい煙	硫黄酸化物（Sox）、煤塵（すす）、窒素酸化物（NOx）、カドミウムとその化合物、塩素およびその化合物、フッ素およびフッ素化合物、鉛とその化合物
粉じん	セメント粉、石灰粉、鉄粉、特定粉塵（アスベストなど）
自動車排ガス	粒子状物質（PM）、一酸化炭素（CO）、炭化水素（HC）、鉛化合物、窒素酸化物（NOx）
有害大気汚染物質	ベンゼン、トルエン、テトラクロロエチレン、ジクロロメタン
揮発性有機化合物（VOC）	有機溶剤として使われるトルエン、キシレン、酢酸エチルなど200種類以上ある

　これらの物質の他、放射性汚染物質、アンモニア（NH3）、悪臭、なども含む国もある。中国の黄土高原の砂漠化によって増加している黄砂も、砂に付着して汚染物質が運ばれてくることから、大気汚染物質として認識されるようになった。また、近年、植物の栄養源である二酸化炭素も、気候学者は汚染物質として認識している。排出源は、工場などの固定した施設に加え、自動車、船舶、飛行機など移動型の2種類があり、自動車から窒素酸化物、粒子状物質がおもに排出されている。

　OECD（Organisation for Economic Co-operation and Development：経済協力開発機構）加盟国は、大気汚染物質排出削減に努力し、硫黄酸化物は45%、窒素酸化物22%、一酸化炭素40%、炭化水素32%を削減することに成功した。しかし、経済発展を最優先する新興国では大気汚染物質の削減を後回しにし、結果として、先進国の削減努力が帳消しになっている。過去20年程で、アジア地域では燃料消費量が3.2倍に増えたのに伴い、窒素酸化物排出量は2.8倍の年間2,510万トンに増加した。中国では、約4倍に増加し、アジア地域の総排出量に占める割合は45%、インドが19%となった。主な原因は、石炭火力発電所と自動車の増加と報告されている。

　PH5.6以下の強い酸性を示す雨は酸性雨と呼ばれている。主な原因は、硫黄酸化物、窒素酸化物などが大気中で雨水に溶け、硫酸、硝酸などに変化して強

い酸性を示すことによる。また、粉末状の汚染物質が木の幹や葉、建造物に付着し、降った雨に溶けて硫酸、硝酸などになって強い酸性になる場合もある。酸性雨によって酸化した土壌から毒性のある金属が溶け出し、樹木が枯死する。葉も酸性雨によって傷つけられ、光合成が阻害され、樹木の成長が阻害される。湖沼では、水の酸性度が増し、プランクトンが死滅し、食物連鎖で次々と生物が死滅して生態系が崩壊し、死の湖沼となっていく。カナダのオンタリオ州では2,000以上の湖沼で、マスなどが生息できなくなっていると報告され、北欧でも同じような状況が観察されている。日本でも強い酸性雨が降り続けているが、それは中国大陸で排出された大気汚染物質が雨雲によって運ばれてきて日本列島に雨を降らせていることが原因といわれている。酸性雨の被害は、森や湖の生態系だけでなく、建築物や遺跡、銅像などが酸性雨により影響を受けている。最近、酸性雨による環境変化がアルツハイマー型認知症の要因になり得ると指摘され始めた。アルミニウムなどの有害な金属類が酸性雨により土壌中で溶け、それらの濃度が高い農作物を食べることによる影響を指摘している。また、酸性雨によって環境にばらまかれる硝酸イオンは、体内で発がん性物質に変化することが知られている。

　石炭消費量が急増した中国は、世界第3位の硫黄酸化物排出国となり、酸性雨による被害地域は国土面積の40％におよぶといわれ、森林被害面積は120万haに達している。アマゾンの森林火災が、嵐を強化することが指摘されているが、中国の急速な経済成長に伴って急激に増加した化石燃料燃焼による大気汚染物質の排出は、さらに大きな規模で太平洋低気圧経路における熱帯低気圧と台風を生み出す気象システムに影響を与えて、より大きな雲とより強い嵐を生み出しているとアメリカの科学者チームが報告した。科学者は、より強い雲と嵐を作り出すことで、局地にまでおよぶ世界規模の気候に影響を与えていると指摘している。

　カナダのオンタリオ州が行った調査は、同州の大気汚染物質の55％はアメリカから越境してくるものであると結論した。同調査によれば、大気汚染によって多数の赤ちゃんが早産で死亡するなど500万ドル以上の健康・環境被害が発生しているとした。しかしながら、アメリカの対応は遅く、裁判に訴えてもなかなか解決に向かって動き出していない。

　ワシントン大学の大気科学者ダン・ジャフ氏は、水銀やオゾン、微粒子など有害物質が大気に乗って流れてくると報告し、石炭発電所の多いアジア地域か

ら大量の水銀が遠くアメリカまで飛んできていると指摘した。日本では、中国から大気汚染物質が飛来して、九州、中国、大阪などで近年減少傾向にあった光化学スモッグの発生頻度が上昇を始めている。

　地上10〜50kmの成層圏で地球を包むように広がっているオゾン層は、人を含む生物に有害な太陽からの紫外線をほとんど吸収してくれている。不燃性で、引火性がなく、毒性がないといわれて大量に使われていたフロン化合物が、成層圏まで到達するとオゾン層を破壊するということが1974年に発表され、規制されることとなった。1982年には南極上空でオゾン層の減少が発見され、1985年には9月から10月にかけて40％減少していることが報告された。日本でも、札幌上空のオゾン層が13％減少するなど、平均でも10％近く減少していることが報告されている。国連環境計画は、オゾン層の10％減少が長期間続くと、皮膚がんは26％増えると報告している。ウィーン条約によって、1995年にはフロン化合物は全廃された。低緯度地域を除いて世界における地上および衛星観測による世界平均のオゾン量は減少していたが、1990年代後半から減少傾向が止まり、わずかな増加傾向が報告されている。しかし、世界平均のオゾン量は少ない状態が続いており、フロン化合物が成層圏に到達するまでに十数年かかることから、すでに環境に投棄されたフロン化合物が、オゾン層を破壊し続ける可能性は続いている。

3　広がる海洋汚染

　これまで人間社会は、地球面積の7割を持つ海洋を無限の許容力を持つ様々なものの廃棄場所として利用してきた。通常、家庭や工場から海に流れ込む有機物が適切な量であれば、生物による処理が行われ、海洋の生態系は健全な状態に保たれる。日本語の「水に流す」という言葉が示すように、川に流せばきれいさっぱりと処理できていた。しかし、し尿、核廃棄物などあらゆる人工産物が直接投棄され、また、川をつたわたり大量に海に流れ込み続けている。人間活動があまり巨大になり、海洋の処理能力を超えてしまい、変化が顕著に表れてきた。

　現在、人類の約半分以上が、魚介類など海洋からの食料に依存し、海岸から60km以内で居住している。近年、食糧だけでなく、エネルギー、鉱物資源、医薬品なども海洋から得るようになってきた。海洋は、また、大きなエネルギーのプールであり、気候に大きく影響を与えている。太陽からのエネルギー

表Ⅱ-1　大規模油汚染事故

年	船名/事件名	旗国	汚染被害国	流出量（トン）	事故内容
1967	トリー・キャニオン号	リベリア	イギリス、フランス	119,000	座礁
1972	シー・スター号	韓国	オマーン	120,000	衝突
1976	ウルキオラ号	スペイン	スペイン	100,000	座礁
1977	ハワイアン・パトリオット号	リベリア	アメリカ	95,000	破損
1978	アモコ・カディス号	リベリア	フランス	223,000	座礁
1979	アトランティック・エンプレス号	ギリシア	トリニダード・トバゴ	287,000	衝突
1979	インデペンデンタ号	ルーマニア	トルコ	95,000	衝突
1979	Ixtoc Ⅰ油田における流出		メキシコ	+454,000	
1980	アイリーンセレナーデ号		ギリシア	100,000	
1983	カストロ・デ・ベルバー号	スペイン	南アフリカ	252,000	火災
1988	オデッセイ号	ギリシア	カナダ	132,000	破損
1989	エクソン・バルディス号	アメリカ	アメリカ	37,000	座礁
1991	ABTサマー号	リベリア	アンゴラ	260,000	火災
1991	ハーベン号	イタリア	地中海	144,000	炎上
1991	湾岸戦争による原油流出		イラク、クウェート	+750,000	
1992	フェルガナ油田流出	ウズベキスタン		285,000	
1993	ブレア号	リベリア	イギリス	85,000	座礁
1996	シー・エンプレス号	リベリア	イギリス	72,000	座礁
1997	ナホトカ号	ロシア	日本	6,200	破損
1999	エリカ号	マルタ	フランス	+10,000	破損
2000	ナツナ・シー号	パナマ	シンガポールなど	7,000	座礁
2002	プレステージ号	ギリシア	スペイン	40,000	座礁
2006	ブライトアルテミス号	シンガポール	（公海上）	4,500	事故
2007	Hebei Spirit号	韓国	韓国	10,800	事故
2010	メキシコ湾原油流出事故	アメリカ	アメリカ	+1,800,000	

注）流出量はITOPF（The International Tanker Owners Pollution Federation Limited　国際タンカー船主汚染防止連盟）資料、Oil Spill History他による。ナホトカの流出量は海底沈没部分の貨物油を含まない。
※気象庁海洋汚染大規模なタンカー事故のまとめ

を使って植物プランクトンが生育し、動物プランクトン、その他の動物がそれらを食べ、食物連鎖が継続して、120種類以上の哺乳類が生息するダイナミックな生態系を構築している。人間は海洋が無限の復元性を持つもののように扱ってきたため、近年、生態系の劣化、崩壊の証拠が次々と報告されるようになってきた。

　大規模海洋汚染として、戦争による石油関連施設の破壊、悪天候や人為的ミスによるタンカーの座礁による原油流出事故がある（表Ⅱ-1）。1989年、アラ

スカでエクソン・バルディス号が座礁し、4万トンの原油が豊かな漁場に流れ出し、日本ではナホトカ号事故によって6,500トンの油が日本海に流れ、漁業に深刻な被害を与えた。大規模汚染は、大々的に報道され、世界的に注目を集めるので、対策が取られるようになってきた。

　これらの大規模な原油汚染に匹敵する原油が、日々、静かに、街角や工場から排水溝を通じて、船舶タンクの洗浄液として海に流れ込んでいる。これらの海に流れ込む油は、年間約300万トン以上と推定され、過去の事故による原油汚染合計をはるかに上回っていると報告されている。世界各地で、海洋の許容量を超えて海に大量に流れ込む油は、ゆっくりと、確実に人類の半分以上が依存する、食料を生産している生態系をむしばんでいる。

　魚網、釣り糸、プラスティック製品なども大量に海に流れ込んでいる。これらは海洋では分解しづらく、長い間浮遊して、沿岸に流れ着き、北極、南極にまで届いている。浮遊している魚網や釣り糸に絡まり、多くの魚、ウミガメ、哺乳動物が死亡したり、餌と誤認して食べてしまったりしている。死亡した動物の胃の中から大量にプラスティックが発見されることがある。国連のコフィー・アナン元事務総長は、2004年、海に投棄されたこれらのゴミが毎年100万羽以上の海鳥や、10万頭以上の哺乳類、ウミガメを殺していると声明を出した。

　2006年、使用済みの注射器、針、薬品ビンなどの医療廃棄物合計2万点以上が、山形県から鹿児島県までの日本海沿岸地域の海岸に漂着した。これらの医療廃棄物には、中国や韓国で使用されたものと判るものもあり、国際的な問題となった。沿岸の医療廃棄物汚染は、使用済み注射針が刺さって感染する可能性があり、地域住民の生命を脅かす汚染であると同時に、観光事業にとって大きな脅威である。アメリカ東部海岸でも、大量の医療廃棄物が沿岸に漂着し、廃棄物による事故を防止するため多数の海岸を閉鎖せざる得なくなった。イギリス、韓国、フィリピン、香港などの海岸にも次々と医療廃棄物が漂着し、社会問題となっている。

　DDT、PCB、水銀などの有害物質が海洋を汚染し、食物連鎖によって人々の食料として重要な魚種に蓄積され続けている。これらの有害物質は、先進各国で制限、販売、使用が禁止された後、安価で効果的なものとして途上国に輸出され続け、生産した企業に利益をもたらしたが、海洋に流れ込み続けていた。先進各国が企業に対して有害物質の規制を強化すると、企業は有害物質の規制、

管理がゆるい途上国に工場を移した。結果、海に流れ込む有害物質の量は増え続けた。カリフォルニア湾ではシアン化物の海洋投棄によって生物、生態系に大きな影響が出ていると報告されている。イギリスの科学者チームは、1960年以降、海洋に流れ込んだプラスティックは3倍になっていて、これらのプラスティックが細かく砕け（マイクロプラスチックと呼ばれるようになった）、海洋に流れ込んだDDTやPCBなどを引き寄せていると報告した。

　このような海洋汚染に対して、人間社会は国際法を制定して管理を強化してきた。1975年、陸上で発生した廃棄物の海洋投棄および海上焼却に関する「ロンドン条約」、1983年、船舶からの油や有害液体物質、廃棄物の排出などに関する「マルポール条約」、1989年、有害廃棄物の国境を越えた移動を規制する「バーゼル条約」、1994年、海洋に関する新しい包括的な法秩序「国連海洋法条約」、1995年、油による大規模汚染対策、対応、協力に関する「OPRC条約（International Convention on Oil Pollution Preparedness, Response and Cooperation、油による汚染に関わる準備、対応および協力に関する国際条約）」を制定してきた。1996年、海域からの浚渫土砂などの例外を除き海洋投棄を全面的に禁止する新たなロンドン条約96年議定書を制定したが、発効に必要な加盟国が集まるまで10年を要した。96年議定書制定後も日本は加盟せず、下水汚泥、不発弾、家畜糞尿などを海洋投棄し続け、投棄量、投棄品目でも世界最大であった。2006年3月、96年議定書は発効し、ロンドン条約と並行して施行されているが、96年議定書加盟国が増加してロンドン条約を置き換えることが期待されている。2014年時点で、96年議定書加盟国は45ヶ国（ロンドン条約加盟86ヶ国）にとどまっており（図Ⅱ-1）、世界における海洋投棄は必ずしも減少していない。世界最大の海洋投棄国であった日本は2007年加盟、批准した。2011年3月の福島第一原発事故によって、総放射能5,000テラベクレルを超える高濃度放射性汚染水520トンが太平洋に流出したと東電は発表したが、その後もずっと流出を続けている。

　北極海、南極海への海洋汚染の広がりが報告される中、議定書を批准していないアメリカは少なくとも4,500万トン（80％浚渫土砂、10％産業廃棄物、9％下水汚泥と推定）を海上に投棄していると見積もられている。これまで海洋投棄された有害物質が蓄積している底質である浚渫土砂を再び海洋に投棄することは、汚染を拡散させることにつながるが、96年議定書では例外とされている。最大海洋投棄国であった日本は、議定書批准を受け、2007年原則禁止措置

図Ⅱ-1　ロンドン条約および96年議定書加盟国

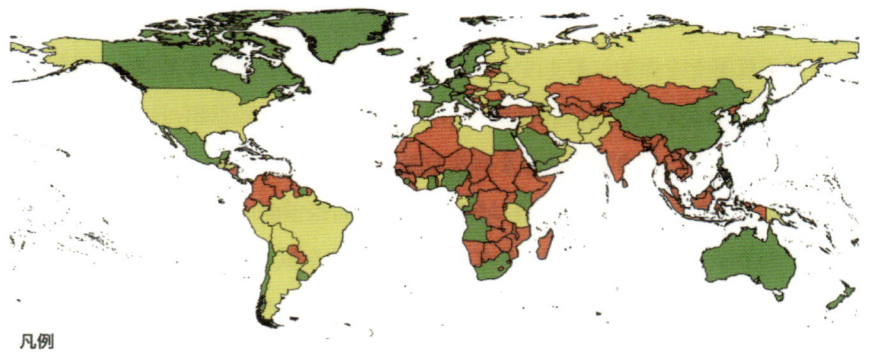

凡例
緑色：議定書加盟国
黄色：ロンドン条約加盟国
赤色：非加盟国
2014 年 9 月 15 日時点
出典：IMO

　をとった。しかしながら、アルミ精錬事業者保護のため、精錬過程で出る赤泥を産業廃棄物の例外規定に当てはまる不活性な地質学的物質であり、化学構成物質が海洋に放出されないとして年間160万トンを海洋投棄していた。議定書締結後は海洋投棄の規制が厳しくなり、2015年までにゼロにするとしているが実現できたか確認ができない。赤泥を海洋投棄していた3アルミ精錬事業者は、2008年、規制が強化された日本国内から撤退し、96年議定書非加盟国のインドネシア、ベトナムで事業を行うことを発表した。2014年3月、国内唯一のアルミ精錬工場が閉鎖されたが、インドネシア、ベトナム近海で大量の赤泥が新たな海洋汚染を引き起こさないか危惧されている。

　条約に加盟していない韓国は、1988年から、経済的な理由を優先して日本海、黄海に海洋投棄を始め、2005年には993万トンの廃棄物を海洋投棄した。沿岸諸国に流れ着いた韓国文字が書かれた大量の廃棄物が国際問題となったことから、2011年には海洋投棄量を500万トンに削減すると発表し、2014年に全面禁止措置としたが、取り締まりを行っていないので、現在も実態は変わっていない可能性がある。条約に加盟していない中米、カリブ海諸国は、ほとんど規制もなく下水汚泥、生ゴミ、油、殺虫剤などの化学物質が未処理のまま海洋に投棄されている。UNEP（The United Nations Environment Programme、国連

環境計画）の専門家は、同海域は比較的浅く、汚染が生態系に与える影響は大きいと報告している。事実、汚染がたまりやすい底質に生息するエビ、カニ類への影響がみられ始めている。

(3) 増え続ける二酸化炭素と処理できない廃棄物

1 エネルギー需要と二酸化炭素排出

　地球上で初めて火を使うようになった生物である人は、その火によって文明を築いてきた。当初は太陽からのエネルギーを使って、大気から二酸化炭素を固定して育つ樹木を火の源として使い始めた。後、燃焼効率の良い樹木を炭化させた炭を使ったが、それらは地球生態系の許容の範囲であった。17世紀後半、産業革命がはじまり、大量の薪炭材をエネルギーとして使い始めた。生物が長い時間をかけて、大気中から固定し、地球内部に封じ込めていた炭素の塊である高カロリーの石炭、石油の発見によって、飛躍的に大量生産、大量消費、長距離移動を可能としてきた。これらの化石燃料を手にしたことで、人は大量の食料と様々な物質の生産を可能とし、莫大な富を生み出したが、同時に、光合成生物誕生以来、地下深く、海底深く蓄えてきた炭素を大量に大気に戻し始めた。莫大な富を生産する石油、石炭のエネルギーを奪い合うようになり、紛争、戦争、差別、格差を生み出してしまった。

　2010年の統計によれば、人類は年間平均一人当たり1,866kℓの石油を使っているが、主要先進8ヶ国（アメリカ、イギリス、カナダ、ドイツ、フランス、イタリア、ロシア、日本）はその2.7倍のエネルギーを使う一方、人口の80%を占める発展途上国の人たちは世界平均の7割ぐらいのエネルギーを使って生活を営んでいる（表Ⅱ-2）。世界の13%弱の人たちが、世界の35%のエネルギーを使う一方、80%の人たちは6割未満のエネルギーを使っている。この80%の人たちも、エネルギーを大量に使って富を生み出し、便利な生活を営むことを望んでいる。

　これからも人間社会は、便利さを追い求め、たくさんの火（エネルギー）を使って経済活動を増大し、炭素を大気中に排出し続けていくであろう。近年、中国、インドの経済発展とアジア諸国の人口増加によって、エネルギーの使用量は急激に増えてきている。国際エネルギー機関の見通し（表Ⅱ-3）によれば、2010年比で2040年には1.38倍に膨れ上がると予測されている。地域別には、人口の多いアジア、アフリカ地域が最もエネルギー需要が増大し、2040年には

表Ⅱ-2　人口とエネルギー使用量（2010年）

範疇	人口		エネルギー使用量			
	人口	割合	石油換算百万トン	割合	一人当たり(kℓ)	対世界平均
世界	69.16億人		12,904.8		1,866	
主要先進国G8	8.87億人	12.82%	4,460.6	34.57%	4,968	2.7 倍
OECD加盟国	12.62億人	17.94%	5,406.2	41.89%	4,284	2.3 倍
発展途上国	57.58億人	80.68%	7,498.6	58.11%	1,302	0.7 倍

出典：総務省統計局ホームページ、OECD Factbook 2014（2010年統計）

表Ⅱ-3　世界各国／グループ別エネルギー消費市場（石油および他の液体燃料）、（2010-2040）（10^{15} Btu）

地域	2010	2020	2025	2030	2035	2040	年平均変化（%）2010-2040
OECD加盟国	92.6	92.4	91.4	90.3	89.4	89.3	− 0.1
アメリカ	37.2	36.9	36.3	35.7	35.4	35.4	− 0.2
カナダ	4.3	4.6	4.5	4.4	4.3	4.3	− 0.1
日本	9.0	8.7	8.5	8.2	7.9	7.5	− 0.6
OECD非加盟国	83.3	104.8	114.5	127.6	140.5	153.8	2.1
ブラジル	5.4	6.4	6.6	7.1	7.7	8.5	1.5
ロシア	6.0	6.7	6.5	6.5	6.4	6.0	0.0
インド	6.6	8.7	10.0	11.3	12.5	13.9	2.5
中国	19.1	26.8	30.0	34.7	38.6	41.2	2.6
世界	176.0	197.2	206.0	217.9	229.9	243.1	1.1

注）世界合計は四捨五入しているため各要素の合計とは一致しない。
出典：International Energy Outlook 2014

1.85倍になると予測されている。

　化石燃料はいずれも有限である。現在のようにエネルギーを大量消費すれば、石油は、後41年、石炭は後155年で枯渇すると見積もられている。将来の技術革新によって利用できる化石燃料が増加する可能性はあるが、有限であることには変わりない。加えて、これらの燃料を現在のように大量に使うことは、地球温暖化、気候撹乱など地球環境問題に影響を与えてしまう。

　1990年を基準として、2008年から2012年（第1約束期間）に6種類の温暖化

図Ⅱ-2　世界のエネルギー起源二酸化炭素排出量（2012年）

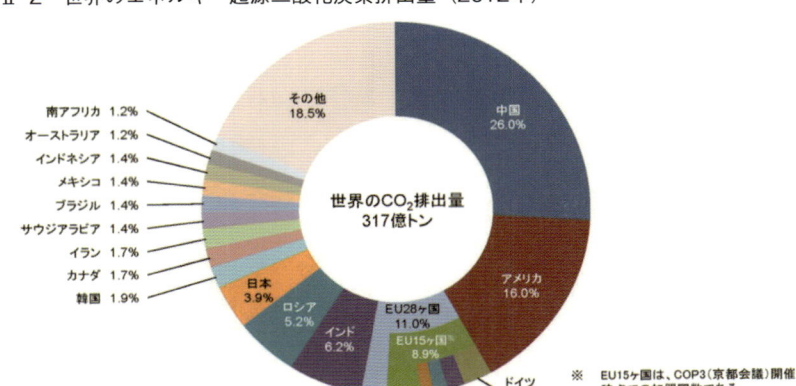

南アフリカ 1.2%
オーストラリア 1.2%
インドネシア 1.4%
メキシコ 1.4%
ブラジル 1.4%
サウジアラビア 1.4%
イラン 1.7%
カナダ 1.7%
韓国 1.9%

その他
18.5%

中国
26.0%

世界のCO₂排出量
317億トン

日本
3.9%

ロシア
5.2%

インド
6.2%

EU28ヶ国
11.0%

EU15ヶ国※
8.9%

アメリカ
16.0%

ドイツ
2.4%

イギリス
1.4%

フランス
1.1%

イタリア
1.2%

※　EU15ヶ国は、COP3（京都会議）開催
　　時点での加盟国数である。

出典：国立環境研究所温室効果ガスインベントリオフィス編　環境省地球環境局総務課低炭素社会推進室監修「日本国温室効果ガスインベントリ報告書」

ガス排出量を少なくとも５％削減することを定めた気候変動枠組条約の「京都議定書」が、1997年採択された。議定書はロシア連邦が2004年に批准したことで、2005年２月に発効したが、当時最大の二酸化炭素排出国であったアメリカが批准を拒否し、カナダも離脱、批准を拒否していたオーストラリアは政権交代によって2007年に批准した。2012年の排出量における第１約束期間義務付け国（附属書Ⅰ国）の排出量は、全体の23％以下であった。2012年の二酸化炭素排出量は317.7億トン（図Ⅱ-2）と基準年の1990年の209.7億トン（旧ソビエト圏のデータがないため低い数値になっている）にくらべて1.5倍に増加しており、議定書の効果が疑問視される結果であった。

　京都議定書の第１約束期間が2012年に終了し、第２約束期間を2013年から2020年とすることが合意されたが、アメリカが不参加を表明し、世界最大の二酸化炭素排出国の中国、他の新興国も削減義務を負わないことから日本、ロシア、ニュージーランドが参加しないことになった。メキシコのカンクンで開催された締約国会議において、途上国と先進国の削減目標、行動を条約の下の同じ枠組に位置付けることが合意され、ともに自主的に削減に取り組むこととなった。この合意に排出量第１位、２位の中国とアメリカも参加することとな

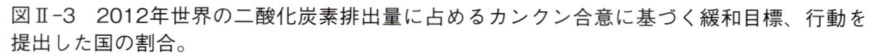

図Ⅱ-3　2012年世界の二酸化炭素排出量に占めるカンクン合意に基づく緩和目標、行動を
提出した国の割合。

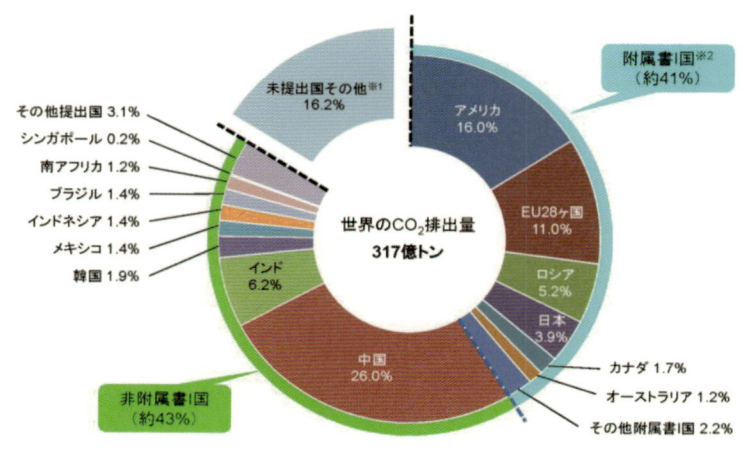

※1　カンクン合意後に緩和目標・行動を提出しているが、IEAにおいて個別の値は掲載さ
　　れていない国は、「未提出国その他」に含まれている。
※2　ベラルーシ、カザフスタン及びEU28に含まれるキプロス、マルタは含まれているが、
　　未提出であるトルコは含まれていない。
出典：国立環境研究所温室効果ガスインベントリオフィス編　環境省地球環境局総務課低炭
素社会推進室監修「日本国温室効果ガスインベントリ報告書」

　り、全排出量の8割以上を占める合意となったが、自主的な努力目標であるた
め効果は疑問であった（図Ⅱ-3）。
　ポスト京都議定書の合意が進まないことを危惧した締約国は、気候変動が与
える脅威について認識した国々が、気候変動枠組条約の目的、原則を再確認
し、中国、アメリカを含む17の国と地域が参加して「エネルギーと気候に関す
る主要経済国フォーラム（MEF）」を組織した（2012年排出量の73%を占める）。
MEFは、2050年までに相当量の削減を達成するため、各国が自主的に定めた
削減目標を採択したコペンハーゲン合意の促進、技術協力、途上国支援、基金
の創設など包括的に取り組むことを約束している。
　このような状況の中、国連気候変動に関する政府間パネル（IPCC）は第5
次報告書を提出し、今世紀末までに気温が4.8℃上昇し、温暖化は人間活動が
原因である可能性が95%以上の確率であると警告した。
　2015年12月、気候変動枠組条約第21回締約国会議（COP21）がパリで開催

され、京都議定書以来の合意が「パリ協定（Paris Agreement）」として締結された。パリ協定は、産業革命以降の気温上昇を2℃以内、できるだけ1.5℃以下に抑えることを目標とし、国の事情に合わせた差異のある責任を、能力に応じて果たすことを義務付けている。パリ協定は以下のような事項を明記している。

(1) 締約国は貢献（削減目標・行動）計画の策定、提出、維持し、それを達成するための措置をとること。

(2) 締約国は貢献計画を提出する際に、透明性、明解性、理解に資する情報を提供すること。

(3) 締約国は貢献計画を5年ごとに提出し、提出の際にはより高い目標の計画を提出すること。

(4) 先進締約国は、開発途上締約国に対して資金、技術の支援をし、その情報を公開すること。

(5) 締約国会議において、2023年に最初の世界の実施状況確認を行い、その後は5年ごとに確認作業を行う。

(6) 世界総排出量の55％以上の排出量を占める55ヶ国以上の締約国が締結した日から30日後に効力を発する。

世界最大の二酸化炭素排出量の中国、2位のアメリカが2016年9月3日同時に批准し、EUが特例措置で早期に批准して、インド、ブラジルなどが続いたため、発効の二つの条件を満たし、2016年11月5日、パリ協定が発効した。協定発効を受けて、2016年11月7日、モロッコで開催された気候変動枠組条約締約国会議において、パリ協定締約国による初会合が開催され、広範なルール作りが始まった。日本は、なんとか締約国会議開催中の11月8日に批准手続きを完了し、締約国として参加することができた。先進国だけに削減を義務付けた京都議定書とは異なり、パリ協定はすべての締約国に削減義務を課し、5年ごとに削減目標を引き上げていき、最終的に排出量ゼロの脱炭素社会を目指していくこととしている。

日本の二酸化炭素排出量は、京都議定書の基準年である1990年の11億4,410万トン（二酸化炭素換算）から一貫して上昇しており、2012年には11％増の12億7,560万トンの二酸化炭素を排出している。一人当たり排出量は、1990年の9.23トンから2012年の10トンと8.4％の増加となっている（図Ⅱ-4）。

二酸化炭素排出の業種別割合は、エネルギー産業40.0％、製造業および建設

図Ⅱ-4　国別エネルギー起源二酸化炭素排出量（2012年　日本12億7,560万トン）

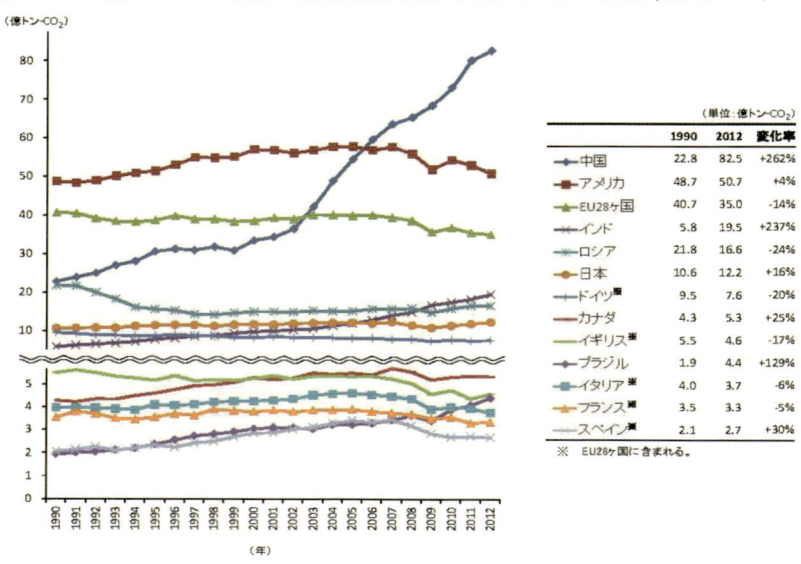

	1990	2012	変化率
中国	22.8	82.5	+262%
アメリカ	48.7	50.7	+4%
EU28ケ国	40.7	35.0	-14%
インド	5.8	19.5	+237%
ロシア	21.8	16.6	-24%
日本	10.6	12.2	+16%
ドイツ※	9.5	7.6	-20%
カナダ	4.3	5.3	+25%
イギリス※	5.5	4.6	-17%
ブラジル	1.9	4.4	+129%
イタリア※	4.0	3.7	-6%
フランス※	3.5	3.3	-5%
スペイン※	2.1	2.7	+30%

（単位：億トン-CO₂）

※　EU28ケ国に含まれる。

出典：国立環境研究所温室効果ガスインベントリオフィス編　環境省地球環境局総務課低炭素社会推進室監修「日本国温室効果ガスインベントリ報告書」

業26.1%、運輸17.0%、その他（農林水産業、事業、家庭）が12.6%であり、燃料の燃焼による排出が95.7%を占めている。日本において、これらの燃料燃焼による二酸化炭素排出量削減が実行されなければ、削減が困難なのは明白である。事業用発電、運輸を除いた他の産業は素材産業であるので、二酸化炭素削減義務が緩い途上国に工場を移転させることは可能である。途上国側としては、これらの工場移転は投資であり、先進国からの富の移転と見ることも可能である。しかし、地球全体で見た場合、他の海洋汚染や水質汚濁と同じように環境問題の移転であり、地球規模での二酸化炭素排出量削減には全く効果がないばかりか、経済成長によって排出量が増加することにもつながる。主要国の二酸化炭素排出量の推移からも中国、ブラジルなどへの製造業移転、経済発展に伴って二酸化炭素排出量が増加していることが明白である。

図Ⅱ-5 OECD加盟国の年間一人当たり一般廃棄物量（2011年）

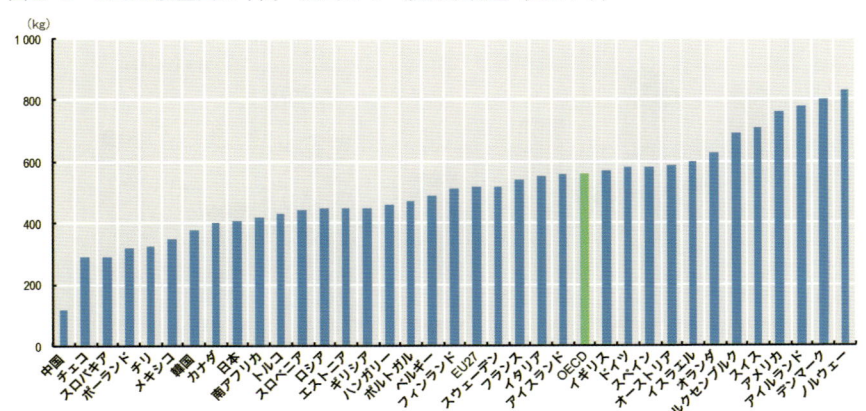

出典：OECD Factbook 2013

2 増え続ける廃棄物

　人は経済成長とともに廃棄物を増加させてきた。廃棄物には大きく分けて家庭やオフィス、飲食店などから排出される一般廃棄物、企業などの事業活動から排出される産業廃棄物、管理が必要な有害廃棄物および放射性廃棄物に分類されている。廃棄物に関しては、OECD加盟国においても分類や統計が整備されているところは多くなく、世界全体でどれだけの廃棄物が処理されているか明確には把握できない。OECD加盟国合計（オーストラリア、ニュージーランド、ブラジル、インドを除く）の一般廃棄物（地方自治体が収集した廃棄物）合計は17億6,246万トンで年々増加している（OECD Factbook 2010）。

　一人当たりの廃棄物量のOECD加盟国平均は年間520kg（日量1.41kg）であり、中国が最も少なく115kgで、日本は410kgである（図Ⅱ-5）。2000年から2011年で廃棄物量を削減できたのは13ヶ国と増加し、削減努力の結果がわずかであるが出始めている。

　2012年統計において、日本の一般廃棄物排出量は4,262万トン、一人一日当たり964gのゴミを出しているが、減少傾向にある。しかしながら、まだ1,580万トンの食品廃棄物が排出されている。内訳は、食品製造業から1,916万トン、卸売／小売業から144.3万トン、外食産業から191.6万トンである。そのうち、本来食べることができるのに廃棄されている、いわゆる食品ロスは500〜800万ト

図Ⅱ-6　一人当たりの食料品ロスと廃棄量（kg/年/人）

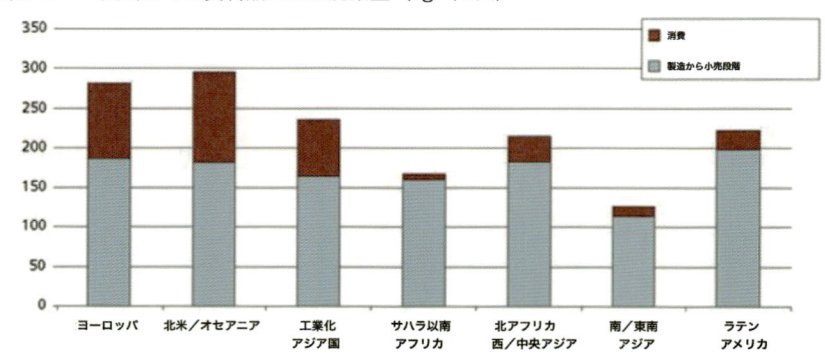

出典：Global Food Loses and Waste, 2011（FAO）

ンにもなると報告されており、世界の食糧援助量（約400万トン）の倍近くも
食べることのできる食品を日本だけで廃棄していることになる。日本の食糧自
給率は、カロリーベースで40%を切っており、大半の食品を海外からの輸入に
頼っているにもかかわらず、このような食品ロスが続いており、捨てるために
輸入される食品と言われても仕方がない状態である。

　2011年、国連食糧農業機構（FAO）が世界の食品ロスと廃棄について研究
報告書を出版した。その報告書は、世界の8人に1人が飢えている状態にもか
かわらず、先進国、工業国など多くの国で大量の食品が廃棄されている実態が
明らかにされている（図Ⅱ-6）。

　日本では、この他に有害鳥獣としてエゾシカ14万頭、シカ23万頭（2011年）、
イノシシ22万頭（2011年）などが駆除されるが、ほとんどは産業廃棄物として
処理されたり、単純な埋設処理で廃棄されおり、食品だけではなく生き物の命
に対しても経済的な利潤だけで判断する社会が浮き彫りになっている。

　世界の産業廃棄物については国ごとに仕組みが異なるため推計は困難である
が、現在、世界の産業廃棄物は100億トンともいわれ、世界の経済の成長ととも
に増加している。2011年、日本では3億8,121万トンの産業廃棄物が排出された。
電気・ガス・熱供給・水道業（下水道業を含む）が最も多く約9,558万トン、次い
で、農業・林業が約8,509万トン、建設業約7,540万トン、パルプ・紙・紙加工品
製造業約2,990万トン、鉄鋼業約2,825万トンの上位5業種で全体の8割以上を
占めている。種類別では汚泥が41.6%、動物の糞尿が22.2%、がれき類が15.7%

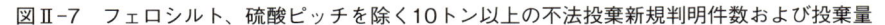

図Ⅱ-7　フェロシルト、硫酸ピッチを除く10トン以上の不法投棄新規判明件数および投棄量

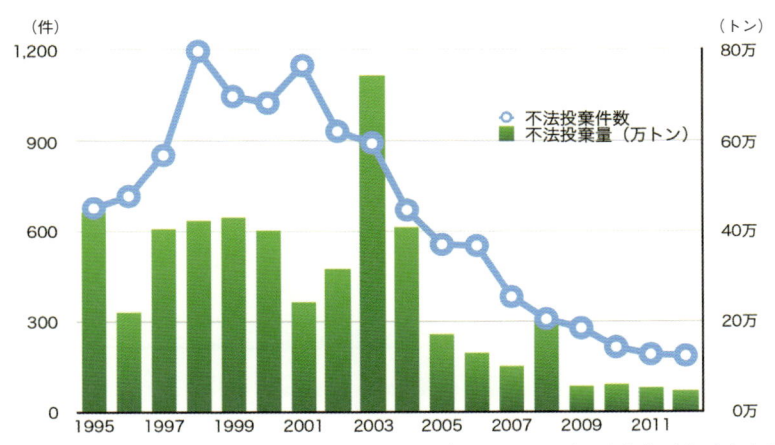

出典：産業廃棄物の不法投棄等の状況（平成24年度）について（環境省大臣官房廃棄物・リサイクル対策部適正処理・不法投棄対策室）

で、全体の80%以上を占めていた。産業廃棄物の53%が再利用され、最終処分量は1,224万トンであった。しかし、土地に余裕のない日本では、焼却によって減容量し、最終処分場に運ばれても、最終処分場が満杯になるまでの残余年数は、平成26年4月現在、全国で14.7年、首都圏では5.2年と推計されている。

　産業廃棄物の処理にかかる費用が大きくなっていることから、負担軽減のため、取り締まりが強化されているにもかかわらず、不法投棄が続いている（図Ⅱ-7）。2012年、全国で報告されたすべての不法投棄事件は2,567件に上り、合計1,777万トンに上っている。

　パソコン、タブレット、携帯電話などの有害廃棄物が激増しており、現在、年間2,000万〜5,000万トンと見積もられ、廃棄物管理の大きな問題となっている。電子機器、家電などに使われている金、銅を回収するため、人件費が安く、環境規制が厳しくない国に輸出され、輸入国に深刻な環境問題を起こしている。廃棄物から金、鉄、銅などの貴重な資源をリサイクルする際、適切に管理しなければ重大な環境汚染を引き起こすことがあり、国による貿易や環境の規制では問題を解決することは困難である。1984年、OECDは、OECD憲章に基づき、これら有害廃棄物の取り扱いにかかわる決議を行い、各国に報告義務を課した。リオ・デ・ジャネイロで開催された国連環境開発会議を受けて、有害廃棄物が

図Ⅱ-8　OECD各国の有害廃棄物排出量（2010年）

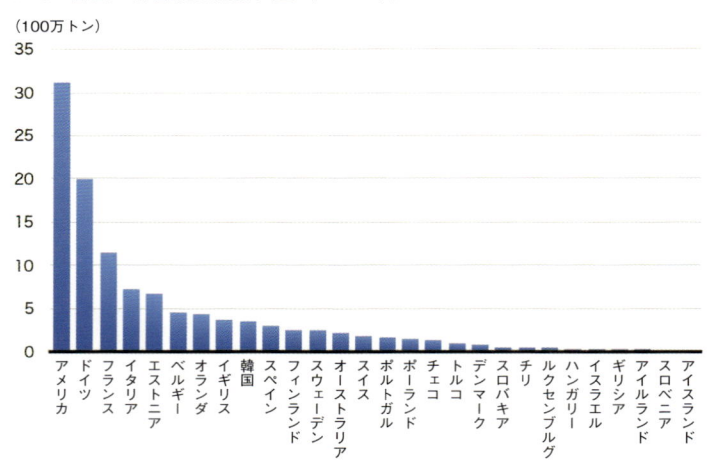

出典：OECD at Glance 2013 OECD Indicator

規制の緩い途上国に輸出されて環境問題を起こすことを防止するため、国境を越えて有害廃棄物の移動を管理するバーゼル条約が制定された。2014年末で、181ヶ国が加盟しているが、経済に与える影響があるとしてアメリカはいまだに未加盟である。2010年、OECDに報告されたOECD加盟国の有害廃棄物排出量は約8,263万トンであるが、バーゼル条約未加盟のアメリカが全体の37.7％を占めている（図Ⅱ-8）。アメリカ、ドイツ、フランス、イタリアの４ヶ国で全体の85％弱を排出しており、適切な管理が求められている。しかしながら、アメリカがバーゼル条約に未加盟のため、輸出量、輸入量の報告はない。アメリカに次ぐ有害廃棄物排出国であるドイツは、1,991万トン排出し、国境を越えて輸出した純輸出量は391万トンと報告している。日本からのOECDへの有害廃棄物排出の報告はなく、輸入量だけが8.3万トンと報告されている。

3　行き場を失う核廃棄物

　経済成長に伴って、莫大なエネルギーが必要となり、石油、石炭の少ない国はエネルギー安全保障も考慮に入れ、原子力の平和利用である原子力発電所開発が進められてきた。2014年12月現在、世界30ヶ国で437基の原子炉（軍事用、研究用などを除く）が稼働し、世界で総電力の約11％を供給している。稼動原

表Ⅱ-4　世界の稼働中、建設中、計画中および提案中の原子炉数、発電量、発電容量

	原子力発電 2013年		稼働原子炉 2014年12月		建設中原子炉 2014年12月		計画中原子炉 2014年12月		提案中原子炉 2014年12月	
	1億kWh	% e	No.	MW	No.	総MW	No.	総MW	No.	総MW
アメリカ	790.2	19.4	100	99,361	5	6,018	5	6,063	17	26,000
フランス	405.9	73.3	58	63,130	1	1,720	1	1,720	1	1,100
ロシア	161.8	17.5	33	24,253	10	9,068	31	32,780	18	16,000
韓国	132.5	27.6	23	20,656	5	6,870	8	11,640	0	0
中国	104.8	2.1	22	19,095	26	28,528	60	66,220	120	124,000
カナダ	94.3	16.0	19	13,553	0	0	2	1,500	3	3,800
ドイツ	92.1	15.4	9	12,003	0	0	0	0	0	0
ウクライナ	78.2	43.6	15	13,168	0	0	2	1,900	11	12,000
イギリス	64.1	18.3	16	10,038	0	0	4	6,680	7	8,920
スウェーデン	63.7	42.7	10	9,487	0	0	0	0	0	0
スペイン	54.3	19.7	7	7,002	0	0	0	0	0	0
ベルギー	40.6	52.0	7	5,943	0	0	0	0	0	0
インド	30.0	3.4	21	5,302	6	4,300	22	21,300	35	40,000
チェコ	29.0	35.9	6	3,766	0	0	2	2,400	1	1,200
スイス	25.0	36.4	5	3,252	0	0	0	0	3	4,000
フィンランド	22.7	33.3	4	2,741	1	1,700	1	1,200	1	1,500
ハンガリー	14.5	50.7	4	1,889	0	0	2	2,400	0	0
スロバキア	14.6	51.7	4	1,816	2	942	0	0	1	1,200
日本	13.9	1.7	48	42,569	3	3,036	9	12,947	3	4,145
ブラジル	13.8	2.8	2	1,901	1	1,405	0	0	4	4,000
南アフリカ	13.6	5.7	2	1,830	0	0	0	0	8	9,600
ブルガリア	13.3	30.7	2	1,906	0	0	1	950	0	0
メキシコ	11.4	4.6	2	1,600	0	0	0	0	2	2,000
ルーマニア	10.7	19.8	2	1,310	0	0	2	1,440	1	655
アルゼンチン	5.7	4.4	3	1,627	1	27	0	0	3	1,600
スロベニア	5.0	33.6	1	696	0	0	0	0	1	1,000
パキスタン	4.4	4.4	3	725	2	680	0	0	2	2,000
イラン	3.9	1.5	1	915	0	0	2	2,000	7	6,300
オランダ	2.7	2.8	1	485	0	0	0	0	1	1,000
アルメニア	2.2	29.2	1	376	0	0	1	1,060		
その他	0	0	0	0	5	6,600	24	24,380	58	64,150
世界	2,359	約11	437	377,322	70	73,594	179	198,580	308	336,170

出典：World Nuclear Association: World Nuclrear Power Reactors and Uranium Requirements

子炉が最も多いのはアメリカの100基、フランス58基、日本48基、ロシア33基、韓国23基、中国22基、インド21基、カナダ19基、イギリス16基、ウクライナ15基、スウェーデン10基である（表Ⅱ-4）。フランスは73％、ベルギー、ハンガリー、スロバキアでは50％以上、ウクライナ、スウェーデンでは総電力の4割以上を原子力発電から得ている。チェルノブイリ事故と同じレベルの福島第一原発事故を起こした日本では、事故後、住民の反対を押し切って再稼動させた大飯原発が2013年9月15日に停止してから、2015年8月10日までの1年11カ月、全原発が停止していた。鹿児島県の川内原発を再稼動させてから、川内原発1号基、2号基、高浜原発3号基、4号基、伊方原発3号基を次々と再稼動させていった。しかし、40年という原発の運転期間（耐用期間）を延長して再稼動させた高浜原発3号基、4号基は住民による運転差し止め訴訟の結果、運転が停止させられた。福島原発重大事故の影響の大きさを知り、原発の廃止を決めたドイツでは、まだ、15.4％の電力を原発に頼っている。収束できない福島第一原発事故の現場の状況が伝わるに従って、世界各地で反原発運動がおこり、アメリカでは5年間で9基の原子炉が廃炉となった。しかし、新興工業国BRICS（ブラジル、ロシア、インド、中国、南アフリカ）では、原子力発電所の建設が進み、中国26基、ロシア10基、インド6基、ブラジル1基が建設中で、計画中の原子力発電所は、いまだに合計113基ある。世界中では、現在稼働中の原発よりも多い487基の原子力発電所が、計画あるいは提案中である。

　トイレのないマンションと表される原子力発電所の原子炉から排出される放射性廃棄物は、高レベルと低レベルの放射性廃棄物に分けられて管理されている。高レベル放射性廃棄物は主に使用済み核燃料であり、低レベル放射性廃棄物は高レベルに比べて低い放射能を有するようになった原子炉の資材、制御機器資材など周辺の構造物、機器に接触した清掃品などである。世界各国で基準が異なるため、どれだけの放射性廃棄物が排出されているかを把握することは難しい。

　2014年、全世界で約6.59万トンのウラン燃料が使用され、2兆6,080キロワット時の電力を作り出し、概算で、約5,000トン以上の高レベル放射性廃棄物（日本の資料を基に算出。兵器などの軍事利用から排出される放射性廃棄物を除く）を排出したと推測される。2014年、すべての原子力発電所が停止していた日本のウラン燃料使用量はゼロと報告されている。高レベル放射性廃棄物にはウラン、プルトニウム他様々な核種を含み、放射線半減期は数日から数十億年

である（ウラン235は7億年、ウラン238は45億年）。

　低レベル放射性廃棄物の気体と液体の一部は希釈して環境に放出され、液体の一部と個体は固められ、200リットルのドラム缶に入れて、施設内外に保管したのち、地下の比較的浅い所に埋設処分されている。日本では原子力発電所から排出された低レベル放射性廃棄物として200リットルのドラム缶で60万本、ウラン濃縮燃料加工施設、再処理施設/MOX加工施設から排出された超ウラン核種を含む放射性廃棄物を同じく200リットルのドラム缶で24.5万本保管している（2009年時点）。

　高レベル放射性廃棄物は、現在、再処理してプルトニウムを取り出す場合、ガラス固化法によって固められ金属容器に密封されて保管されることになっている。処理されない場合、そのまま使用済み燃料として処分される。加工直後のガラス固化体から放出される放射線は2万テラベクレルあり、至近距離で被爆した場合数十秒で致死線量に達する。高レベル放射性廃棄物は、これまで地下深くの埋設、宇宙への放出など様々な方法が、世界各国で検討されてきた。高レベル放射性廃棄物は半永久的に、安定し、かつ内容物が漏れ出して地下水などの汚染につながらない処分を行わなければならない。フィンランドとアメリカは高レベル放射性廃棄物の最終処分地を定めたが、2016年10月現在、最終処分を開始できていない。フィンランドでは順調に許可と建設が進めば、2020年、最終処分が開始される予定である。毎年世界各国で生み出される高レベル放射性廃棄物は、行き場のないまま蓄積され続けている。

　原子炉で作り出されてしまう人工放射性核種セシウム134、セシウム137、ストロンチウム90は、生物が吸収するので最も大きな健康被害があるといわれている。セシウムと同じように大量に原子炉内で生産されるキセノン133は希ガスのため、大気中に容易に放出、拡散してしまうが、半減期が5.248日であるため、原子炉操業時や事故時の測定の対象とされている。広島原爆爆発で放出されたセシウム137は0.089×10^{15}bq、キセノン133は0.014×10^{19}bqと推定され、チェルノブイリ原発事故の際放出されたセシウム137は89×10^{15}bq、キセノン133は0.44×10^{19}bqと広島原爆に比べてセシウムで890倍、キセノンで31倍と推定されている。日本政府は『原子力安全に関するIAEA閣僚会議に対する日本国政府の報告書―東京電力福島原子力発電所の事故について―』で、福島原発事故で大気中に放出されたセシウム137、キセノン133を150×10^{15}bq、1.1×10^{19}bqと、影響を少なく見せかけるようなデータを発表した。ノルウェーの研究者チームは、事故

表Ⅱ-5　六ヶ所村核燃料再処理工場が操業した場合の放出人工放射性核種の管理目標値

核種	半減期	大気中	海洋中	合計
クリプトン85	10.7年	33×10^{16}		33×10^{16}
トリチウム	12.3年	1.9×10^{15}	1.8×10^{15}	3.7×10^{10}
炭素14	5,730年	52×10^{12}		52×10^{12}
ヨウ素121	1,570万年	1.1×10^{10}	4.3×10^{10}	5.4×10^{10}
ヨウ素131	8日	1.7×10^{10}	17×10^{10}	18.7×10^{10}
セシウム134	2年		1.6×10^{10}	1.6×10^{10}
セシウム137	30年	1.1×10^{9}	16×10^{9}	17.1×10^{9}
ストロンチウム90	28.8年	7.6×10^{8}	120×10^{8}	127.6×10^{8}
プルトニウム240	6,500年	2.9×10^{8}	30×10^{8}	32.9×10^{8}
プルトニウム241	14.29年		8×10^{10}	8×10^{10}
コバルト60	5.3年		4.1×10^{9}	4.1×10^{9}
ユウロピウム154	8.6年		1.4×10^{9}	1.4×10^{9}
キュリウム244	18年		3.9×10^{8}	3.9×10^{8}
アメリシウム241	432年		4×10^{8}	4×10^{8}
α 線核種		0.4×10^{8}	4×10^{8}	4.4×10^{8}
非 α 線核種		9.4×10^{9}	32×10^{9}	41.4×10^{10}

出典：日本原燃サービス（株）「再処理事業指定申請書」7-5-99頁（平成元年3月）および「再処理施設アクティブ試験計画書」（平成17年12月）

当時セシウム137が350×10^{15}bq、キセノン133が1.7×10^{19}bq放出されたと『Nature 478号』（2011年10月27日）に発表した。実にセシウム137で2倍強、キセノンで1.5倍強多い放出量である。さらに、EUの研究所から、セシウム137として210×10^{15}bqが放出されたはずであると発表された。海外での発表からも、福島原発事故は明らかにチェルノブイリを超える事故であったことが容易に想像できるが、いまだに政府、東電は情報を隠蔽し続けている。加えて、事故から7年近くが経ったにもかかわらず、高濃度汚染水の漏えいが次々と発表され、東電が発表するたび、太平洋に流れ込む人工放射性核種は増加し続けている。環境に放出された放射性核種は、生物による物質循環に乗ってやがて人類の体に蓄積されてくるであろう。福島第一原発は、明らかに収束の見込みもない状態が続いているにもかかわらず、東京オリンピックの開催を決定するなど、子どもた

表Ⅱ-6　2006年〜2008年のアクティブ試験によって再処理工場から放出された放射性核種

核種	半減期	大気中	海洋中
クリプトン85	10.7年	8.1×10^{16}	
トリチウム	12.3年	19.5×10^{12}	0.22×10^{16}
炭素14	5,730年	4.4×10^{12}	
ヨウ素121	1,570万年	7.5×10^{8}	5.4×10^{8}
ヨウ素131	8日	0.17×10^{8}	0.56×10^{8}
a 線核種		ND	ND
非 a 線核種		2.6×10^{4}	ND

出典：青森県：安全協定に基づく定期報告：日本原燃（株）からの報告

ちに原発処理、汚染処理など全てを押し付ける東電、政府の政策が続いている。

　一般の原子力施設の排水の濃度限度は、排水口での3ヶ月平均で60bq/cm³以下と定められている。環境保護団体グリーンピースは、六ヶ所村再処理工場は原子力発電所が1年間に放出する放射線を1日で放出すると主張している。六ヶ所村再処理工場は、排水パイプを海に引き込み、年間の管理目標値以内の人工放射性核種の大気中と海洋への放出を許可されて、操業している（表Ⅱ-5）。

　放射性物質は、これまで海に投棄されてきた他の有機廃棄物と異なり生物による処理が行われず、半減期ごとに半分に減少していくが、存在している限り影響は蓄積していく。原子力発電所からの放射性排水は濃度による規制が行われ、トリチウムで30bq/cm³であるが、その70倍以上の濃度を持つ放射性廃液が再処理工場から海に流される。1959年から旧ソビエト、ロシアが原子力潜水艦から出た放射性廃棄物、6.57×10^{15}bqの廃液を違法に日本海に投棄していたことが問題となった。1993年、ロシアの放射性廃棄物の海洋投棄専用船が、日本海で放総量3.7×10^{10}Bq以下の廃液を海洋投棄したことが大きな国際問題となった。しかしながら、グリーンピースは、この再処理工場から放出される六ヶ所村の再処理工場から操業時に放出される気体、液体の放射性物質により世界で毎年370人ががんで死亡すると警告した。警告にもかかわらず、再処理工場は2006年から2008年までの3年間アクティブ試験操業を行い、大量の放射性核種を大気中と海洋に放出した（表Ⅱ-6）。元京都大学原子炉実験所　小出裕章助教は、イギリス、フランスなどでの再処理工場の事故や放射能汚染の研究からこれら放射性廃棄物の海洋放出について「経済性がすべてを決める社会犯罪」として警鐘を鳴らしてきた。

原子力発電は本当に温暖化対策になるの？

　原子力発電所は、放射性核物質の純度を上げて原子核分裂の連鎖反応を起こし、原子核の結合エネルギーを取り出して電気を作っている。核燃料1kgから取り出せる電力は石炭換算で3,000トンに匹敵し、単位重量当たりの効率が極めて高い。京都議定書発効後、大気中の炭素を増加させないエネルギーとして注目され、世界各地で建設が計画されている。しかし、運転を始めると出力を需要に合わせて調整することが難しい。出力調整中に起こったのが死者28人、13万5,000人が避難し、放射性物質汚染がヨーロッパ諸国をはじめ地球上に広がった史上最悪のチェルノブイリ原子力発電所事故である。

　原子力発電は、電力を得る時に炭素を大気中にほとんど排出しない。その代り、莫大な量の温排水、放射性核物質を含む排水、放射線暴露して放射能を獲得した資材、高レベルの放射能を有する使用済み核燃料を生み出してしまう。放射性物質は、物理学的特質である一定速度で減衰するのみである。2009年2月5日、スウェーデン政府は地球温暖化対策の一環として、新しい原子力発電所の建設を認めると発表した。ヨーロッパでは、イギリスなどが原発廃止方針を見直すなど、温暖化対策として原発開発への動きが加速している。日本でも、代替エネルギーへの転換が進まず、また、構造不況の建設業界からの働き掛けもあって原子力発電への期待が高まっている。

　では、本当に原子力発電が温暖化対策になるのだろうか？　確かに二酸化炭素排出量は化石燃料を使う火力発電所より少ない。しかし、生物による浄化が可能な炭素と違い、環境に放出された放射性物質は蓄積され続ける。さらに、新たに大量の放射性廃棄物を生み出し、エネルギー問題解決の切り札として机上から登場した再処理と高速増殖炉から排出される廃棄物の処理問題が完全に行き詰っている。

　温暖化、オゾン層破壊、森林破壊、海洋汚染、生物多様性減少、砂漠化の問題は独立した問題ではない。それぞれが原因と結果の連鎖でつながっている。一つの問題だけを解決するための場当たり的な対策は、問題の連鎖の結果、他の問題を悪化させることが多い。原子力発電は二酸化炭素排出量が少ないので推進するという単純化した考えは、連鎖している地球規模の環境問題の解決にならないであろう。

2．分断される命の絆

(1) 加速的に絶滅していく生物種

　生態系とは、太陽からくるエネルギーから作られた有機物が循環していく、いわばエネルギーの循環システムである。有機物生産量が高い熱帯では、たくさんの生物種が多種多様なエネルギー循環システムを構築し、生産量が低い寒い地域や乾燥した地域では少ない種類がエネルギーの運搬システムを作り、地球の生命圏を網の目のように覆っている。人間は、この地球の有限の生態系から、生きていくのに不可欠な酸素、水、食料、薬、住居、衣服を貰っている。この生態系から人が提供されることを生態系サービスと表現している。

　長い時間をかけて地球上で進化してきた多様な種、種内の多様な遺伝子、多様な生態系は、それぞれ独立して存在しているのではなく、相互に関係を持ちながら存在している。それらの多様性が維持されることではじめて、地球全体として健全な生態系が維持され、人が生態系サービスを享受することができる。

　1992年、リオ・デ・ジャネイロにおいて開催された国連の環境と開発に関する会議（地球環境サミット）において、持続可能な発展の指標である生物の多様性を保全するための国際条約「生物多様性条約」が署名された。締約国は、条約に沿って国家行動計画を策定し、多様な生物の保全に努めなくてはならない。しかしながら、現在、かつてない速度で種の絶滅が起こり、生態系の劣化が続いている。

　現在、地球上には180万種弱の野生動植物が生息しているといわれている。国連は「ミレニアム生態系評価」において、現在、過去の地球歴史上のどの絶滅速度よりも速い速度で種が絶滅していると報告された。各国政府、NGOなどで構成するIUCN（International Union for Conservation of Nature and Natural Resources、国際自然保護連合）の2004年版レッドリストは、世界で１万5,600種を絶滅危惧種とし、未確認の生物を含めれば数倍になると報告している。130ヶ国、1,800人の専門家が５年間かけて行った地球上の哺乳類5,487種の生息状況調査の結果、IUCNは、最低でも76種の哺乳類が絶滅し、1,141種と情報の少ない種類を加えると全体の４分の１が絶滅の危機にあると発表した。特に、最も多様な生物種が生息している熱帯雨林の開発・減少による種の絶滅

が深刻である。

　コスタリカの森に生息する両生類が急激に減少し、カエルの半数以上の種が絶滅するか、個体数が減っている。両生類の研究者は、世界規模の両生類の減少と気候変動との関係の研究を行っている。日本では、里地里山の劣化、干潟の埋め立て、湖の干拓などが原因で、メダカ、ムツゴロウ、シオマネキ、ニホンザリガニなどが絶滅危惧種と指定されている。2007年、環境省が策定した日本における絶滅危惧種リストによれば、全10分類群合計で3,155種を絶滅危惧種として評価し、保護対策を検討していかなければならないとしている。IPCCの2007年の報告では、地球の平均気温が1.5〜2.5℃上昇した場合、20〜30％の生物種の絶滅の危険が高まると警告している。

　生物多様性条約では、外来種の撲滅、あるいは適切な管理を実施することを定めている。外来種によって食物連鎖のバランスが崩れ、本来生息していた種の生息数が激減し、絶滅危機に追いやられる場合が多い。日本では、ハブ対策のために導入されたマングースが沖縄のヤンバルクイナを捕食、1925年にアメリカから導入されたブラックバスによって在来魚種の生息数が激減し、生態系保全の問題となった。日本から持ち帰られたニホンジカが、イギリスで繁殖し、深刻な食害をもたらしている。また、在来種との交雑で遺伝子の撹乱が起こり、長期間かけて環境に適応して進化してきた遺伝子が消える原因となっている。

　日本では、2004年、特定外来生物被害防止法を制定し、有害外来種を指定して、管理、必要な場合には撲滅することとした。2008年、タイワンザル、ヌートリア、アライグマ、コクチバス、オオクチバス、セイヨウオオマルハナバチなど、96種の外来生物種が指定されている。

　地球の生態系は、そもそも、地球外因子や物理環境の変化に対応して動植物はゆっくりと変化、適応するものであった。しかしながら、人間活動が加速している現在の環境の変化は、変化の速度が速すぎて、動植物が適応して、絶滅を逃れるための時間的余裕がない。繁殖時期を早めたり、ツバメが渡りの時期を早めたり、動植物は必死に変化に対応しようとしている。しかし、今の地球には、動植物の環境変化への対応を阻止する71億人の人類が存在しており、農薬散布を続ける農地、道路や都市が大きく広がっている。動物植物種の絶滅は、人間の生態系内での持続性の減少を意味しており、人を含むすべての生物が命をつないでいくことを困難にしている。

(2) 消えていく森林生態系と動物

1　地球の命ともいわれる熱帯雨林の減少

　世界食糧農業機構〔Food and Agriculture Organisation: FAO〕は、2012年の世界の森林面積は4,022万km^{2}と報告されている。この面積は世界の陸地の30％に相当するが、1990年から2012年の22年間で、世界は146万5,000km^{2}の森を失った（図Ⅱ-9）。これは世界の森林面積の3.6％にあたり、日本の国土の約4倍の面積である。森林は、人間に酸素、水、燃料、様々な材料、素材を提供するだけでなく、多様な生物が生息する環境を提供し、その生物が疾病、様々な人間の問題の解決手段を提供してくれていた。生物種の遺伝子は、一度絶滅すると不可逆的に地球から失われてしまう。

　アフリカは81万6,000km^2、アメリカは92万2,000km^2、オセアニアは9万5,000km^{2}の森を失い、アジアは35万7,000km^2、ヨーロッパは1万2,000km^{2}の森林を増やし、合計146万5,000km^{2}の森林が減少したと報告されている（表Ⅱ-7）。アジアの森林の増加は、中国の植林データの寄与が大きく、必ずしも自然林の増加と判断することはできない。森林の減少は、すなわち、現在の世代に対する

図Ⅱ-9　世界の森林面積の変化（1990年-2012年）

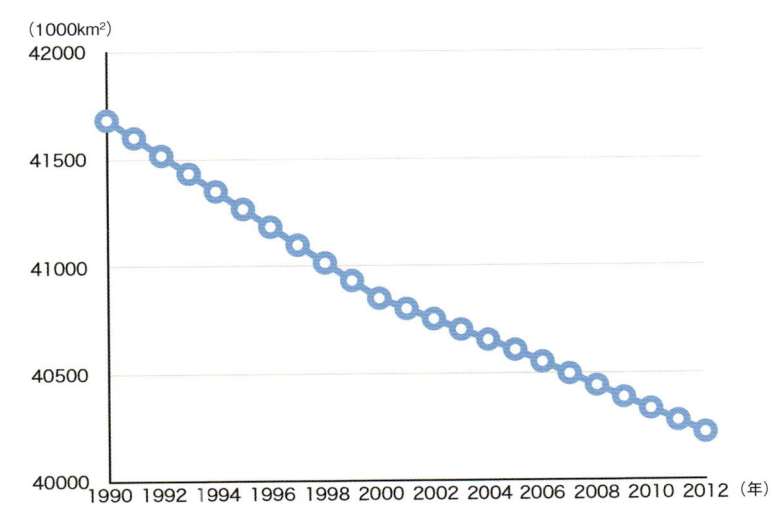

出典：FAO FAOSTAT

表Ⅱ-7　1990年〜2012年の森林面積の変化

世界	アフリカ	アメリカ	アジア	ヨーロッパ	オセアニア
146.4万km^{2}減少	−81.6万km^2	−92.2万km^2	+35.7万km^2	+1.2万km^2	−9.5万km^2

出典：FAO FAOSTAT

　酸素、水、食糧、資源を提供する生態系サービスが劣化すると同時に、生物種を絶滅させ、将来の世代の問題解決手段を奪っていることになる。

　森林の中でも、赤道の南北に広がる熱帯森林は陸地の7％程度を占めているにすぎないが、地球生態系の命ともいわれる程多様な種が生息し、地球上に生息する半分の生物種に棲み処を提供している。ボルネオの熱帯雨林の一本の木には60種類ものアリが生息していることが報告されており、日本全国に生息するアリの種類の半分程に匹敵し、その多様性の豊かさが人が生きていける環境を作り出してきてくれた。

　人が生きていける環境を作ってきた熱帯雨林が、急速に伐採され、南米ではサトウキビ、大豆、東南アジアではアブラヤシ、アフリカではトウモロコシ、サトウキビなどの農業生産地に変換され、微小生態系で進化してきた森の生物種は絶滅し、残った熱帯雨林も隔離され、環境変化に対して脆弱になってきている。隔離された熱帯雨森の周辺の木々は、風にさらされて枯死し、そこに生息していた多様な昆虫類も絶滅し、地球上の半分の生物の棲み処である熱帯雨林の生物多様性は急速に減少している。

　各国政府から報告される森林状況をもとにFAOが発表している統計は、世界共通の基準として森林被覆率10％以上の1ha以上の土地を森林としているが、特に破壊が急速に進む、被覆率の高い熱帯雨林の状況を表しているとは言えない。にもかかわらず、1990年から2012年の間にブラジルでは59万7,058km^2（日本の国土面積：37万7,880km^{2}の1.6倍）、ベネズエラでは6万3,000km^{2}のアマゾンの森が消え、インドネシアでは25万4,000km^2、マレーシアでは2万1,000km^{2}の地球最古の熱帯雨林が消え、パプアニューギニアでは3万1,000km^2、アフリカのコンゴでは3,400km^{2}の熱帯雨林が消えている（表Ⅱ-8）。22年間でこれらの熱帯雨林地域6ヶ国が失った森林合計は97万km^{2}にも達し、世界が失った森林面積の66％を占めている。このことは、我々人類は熱帯雨林だけではなく、そこに生息していた多様な生物も失ってしまったことを意味している。

　熱帯雨林は、地球の陸域全体の1次生産量の37％を占めており、その蓄積量

表Ⅱ-8 熱帯雨林地域6ヶ国の森林面積の変化（km^2）

	ブラジル	ベネズエラ	インドネシア	マレーシア	パプア ニューギニア	コンゴ	合計
1990年	5,748,390	520,260	1,185,450	223,760	315,230	227,263	8,220,353
2012年	5,151,332	456,998	930,620	202,824	284,416	223,870	7,250,060
減少	597,058	63,262	254,830	20,936	30,814	3,393	970,293

出典：FAO FAOSTAT

は全植物バイオマスの57％を占め、地球全体の炭素循環として重要な役割を担っている。IPCCの4次報告書によれば、人為起源の二酸化炭素排出量の2割は、主に熱帯雨林の劣化、減少によるものであるとしている。これらの報告から、気候変動にも、温暖化においても、人類のこれからの生存においても、この20年間で世界が失った熱帯雨林、熱帯林が計り知れない影響を与えることが想像される。

　高い温度と豊かな雨量で休みなく生物生産する熱帯雨林は、30cm程度の薄い土壌に育ち、土壌の栄養分は乏しい。薄い土壌を守っている森林が伐採されると、絶え間なく降る雨にミネラル成分は流され、後には栄養がほとんどないラテライト層が露出し、再生に長い年月が必要となる。熱帯雨林にとって、その生産の栄養源は、生産され続け、土に戻る植物そのものである。このたゆまない生物生産に依存して自給自足生活を営んでいる民族が、いまでも多く存在している。熱帯雨林の破壊は、これらの人々から燃料、食糧を奪い、生活基盤すべての破壊なのである。

　アマゾン地域の森林だけで人間が排出する二酸化炭素10年分を蓄えてくれていると推定されている。バイオ燃料のためのサトウキビ、食糧・植物油のための大豆、牛肉を生産するために森林を焼き払い、蓄えている二酸化炭素を大気中に排出した場合、気候への影響は計り知れないものとなり、大きな災害をもたらし、数千年安定してきた気候を変化させ、人類の文明そのものを破壊しかねない。

2　タイガ森林に守られていた永久凍土に蓄えられた炭素の放出

　永久凍土とは、2年以上温度が0℃以下になる土壌と定義されている。北半球では、シベリア地方、アラスカ州、カナダ北部、グリーンランド島などに分布し、日本では富士山、富山の立山、北海道の大雪山系などに確認されてお

り、陸地の実に24％を占めていると言われている。永久凍土層の大半は数千年以上凍ったままであり、そこに大量の有機物が閉じ込められている。シベリアなどの極寒地帯の永久凍土層は、数百mの深度にも達し、地表で凍結と融解を繰り返す活動層と呼ばれる層は数cmから1m強である。この活動層が、近年急速に拡大していることが報告されている。国立大気研究センター（National Centre for Atmospheric Research：NCAR）は、2050年までに永久凍土に覆われている区域の半分以上でこの活動層が3m以上の深さまでになると予測している。この層に含まれている炭素は、推定5,000億トン〜1兆トン（大気中の温室効果ガスは7,500億トン）と見積もられ、この層の崩壊とともに二酸化炭素、メタンガスが放出されると予測されている。結果、気候変動がさらに進むということにつながる。

　水分子による熱循環が少ない極寒地帯は、気候変動の影響が顕著に現れる地域である。地球環境問題にとってこの地域は、有毒ガスを調べるために炭鉱に持ち込んだカナリアのような存在である。この高緯度、高高度地域における永久凍土層が融解した結果、木々が斜めになった奇妙な森が出現し、森林火災が頻発、道路は曲がり、家は傾き、産業施設に大きな損害が出始めている。これらの現象は、まさにカナリアが悲鳴を上げ始めた証拠なのである。

(3) 分断される生態系連続性と停止する生物生産

　国連環境計画（UNEP）は、95ヶ国の科学者1,300人が世界の生態系の現状を評価したミレニアム報告書を発表した。報告書は、地球上の生態系のうち60％以上が破壊の危機にあり、過去50年間の生態系破壊は人類の歴史上最大規模のものであると報告した。

　人類は、ラムサール条約、生物多様性条約など様々な国際法を制定し、アジェンダ21などの計画、国連決議を採択し、国は人間活動から生態系を守るため国立公園、海洋公園などの保護区設置努力をしてきた。国際自然保護連合（IUCN）では、少なくとも陸地の11％以上を人間活動から守る保護区とするように提言している。しかしながら、資本と市場の論理が優先する現在の人間社会では、必ずしも計画通りに保護区の設置、管理が進んでいない。保護区が設置できても、すべての生物種が生きていけるだけの十分な面積が確保されず、また、生態系が分断され、隔離されている。結果、保護区外から保護区内の生態系への影響が広がり、種が減少し続けている。

表Ⅱ-9　主要パーム油生産国の生産量と推定作付け面積（2012年）

	インドネシア	マレーシア	タイ	コロンビア	ナイジェリア	パプア ニューギニア
生産量 （千トン）	28,030	18,206	1,997	920	800	542
作付け面積 （千ha）	7,825	5,077	557	257	223	151
	エクアドル	ホンジュラス	コート ジボワール	グアテマラ	ブラジル	コスタリカ
生産量 （千トン）	494	378	343	305	292	232
作付け面積 （千ha）	138	105	96	85	82	65

出典：FAO、FAOSTAT、MPOCの公表から推計

　植物油脂需要の高まりとともに、単位面積当たり大豆の10倍の生産効率を誇る西アフリカ原産のアブラヤシは、生産に適する熱帯地域、特に雨量が豊かな熱帯雨林気候の地域で急速に広がった。世界最古の熱帯雨林が広がっていたインドネシア、マレーシアが世界の85%以上を生産して、世界中に植物油脂原材料として供給している。熱帯雨林地域の約1,500万haの農園で、植物油脂約5,300万トンが生産され、460億ドルの富を生み出している。アブラヤシ生産は、インドネシア、マレーシアに次いで、タイ、コロンビア、ナイジェリア、パプアニューギニアなど世界の熱帯のすべての地域に広がり、今も拡大を続けている（表Ⅱ-9）。アブラヤシは年間を通じて、約40年以上収穫できるが、樹高が高くなりすぎると収穫効率が落ちるため、約25年程度で植え替えられる。植え替えを数世代繰り返すと生産効率（化学肥料による土壌のコンクリート化と単一栽培による病気蔓延のため）が落ちるため、利益をあげた大規模事業者は世界の熱帯地域に新たなパーム農園に転換可能な森を求め、開発を続けている。地球の命を使い捨てにしながら拡大するアブラヤシ生産なのである。
　アブラヤシから採れるパーム油、パーム核油はその90%が加工食品の原材料として利用され、多くの化粧品、洗剤石鹸、シャンプー、環境にやさしい植物性インク、ロウソク、コーヒーフレッシュなどありとあらゆるものに加工され、世界で販売されている。1980年代、安価なパーム油市場の拡大に危惧した大豆油、菜種油などを生産する欧米企業が、パーム油に対して健康に影響があると

図Ⅱ-10　マレーシアのボルネオ島サバ州で熱帯雨林を切り開いて栽培されるアブラヤシプランテーション

いうネガティブキャンペーンを行ったため、需要が一時期低迷した。日本では、そのキャンペーンのため、健康に与える影響を考慮した企業が、食品表示法上で認められている一括表示の「植物油脂」と表記するようになったため、「見えない油」と呼ばれるようになった。しかし、生産効率が良いこと、一年を通じて収穫できること、安定していること、また、中鎖脂肪酸が健康に良い影響をもたらすことなどが明らかになってきて、市場が急速に拡大していった。現在、スーパーで販売されている冷凍食品、加工食品などでパーム油が使われていない商品を見つけることは困難である。外食産業、特にファストフードの揚油として、パーム油は大量に利用されている。地球の命と呼ばれる熱帯雨林を使い捨てにしながら作られるアブラヤシであり、アブラヤシから採れる植物油脂から作られる商品を使う私たちの便利な生活が、地球の命を使い捨てにしているのである。

　世界で3番目に大きい生物多様性の島、ボルネオ島では1970年代から大規模伐採が急激に進み、その後、世界に安価な植物油脂を提供するため、ゴム、コ

コナッツ、そして、アブラヤシプランテーションの開発が急激に進んだ。島全体で年率16%増の勢いで熱帯雨林を飲み込んでいった（図Ⅱ-10）。急速で大規模な開発のため生態系は分断、隔離され、保護区として残された熱帯雨林は環境の変化に対して極めて脆弱となっている。そして、オランウータン、スマトラサイ、テングザルなど、生物生産性の極めて高い熱帯雨林に適応して進化してきたたくさんの生物種を絶滅の淵に追いやっている。スマトラサイは後10年、スマトラオランウータンは後20年で絶滅すると予測されていて、テナガザル、テングザルなどの調査されていない種類の生息状況は急速に悪くなっている。

　2006年、地球温暖化対策として京都議定書上二酸化炭素を排出したことにならないバイオ燃料の導入政策が世界で推進され始めた。日本政府に後押しされ、日本企業がアブラヤシから得られるパーム油をバイオディーゼルとして利用することをマレーシア政府、企業に持ちかけ、パーム油価格の急騰を招くと同時に、アブラヤシプランテーション開発を促進した。ボルネオ島カリマンタン州では500万haにも達するプランテーション開発が計画されるなど、さらなる生態系の分断を招いている。南米におけるサトウキビ、大豆、トウモロコシ、コーヒー、牛肉生産、アフリカにおけるカカオ、綿花、アジアにおけるアブラヤシ、ゴム、米、茶、これらはすべて国際商品として世界に流通しているが、すべて同じように人間の生活の基盤である生態系を分断、隔離、脆弱にして、人間自身の生存基盤を壊しているのである。

　人間が排出する物質が蓄積されやすい内湾や内海、湖沼の生態系は、人間活動による影響が出やすい。水俣病の発生した水俣湾、赤潮の発生が多くなった瀬戸内海などはその例である。人間活動が大きくなるに従って、大きな海域、湖沼にまで影響が顕著になってきた。渤海湾は、遼東半島と山東半島に囲まれた内海で、面積およそ7万8,000km^2（北海道より若干広い）の閉鎖海域で、黄海とつながっている。渤海は、中国の漁獲割合が大きな海域で、かつて、魚の宝庫と呼ばれた海であった。中国の経済発展に伴い、流域に天津、唐山などの工業地帯が発達し、大量の未処理の排水が流れ込むようになった。現在、渤海湾に流れ込む汚水・排水は、年間57億トンに達している。さらに、1960年代から油田開発がはじまり、中国最大の海上油田となったが、同時に原油による汚染も発生している。

　韓国はロンドン条約に1993年に加盟したが、1988年から国内の公害を理由に、下水汚泥、畜産排水、生ゴミから出た液体、魚介類の食べかすなどの海洋投棄

を始めた。2005年には993万トンの廃棄物を渤海湾と太平洋の間の黄海と日本海に廃棄した。廃棄物から重金属が検出されたことなどから反対運動が起きたため、削減計画を発表したが、2011年で397万トンが海洋投棄された。韓国はロンドン条約1996年議定書に加盟したことから、2012年から３年かけて海洋投棄を禁止することとなった。しかし、実行できているか確認できない。

　流域から流れ込む未処理の汚水、重金属など有害廃棄物を含んだ工場からの排水、湾内で進む油田開発から排出される汚染物質、黄海に大量に投棄される韓国の廃棄物、これらが渤海湾の生態系の破壊を招き、漁獲高は激減した。周辺漁民は転業を余儀なくされ、社会問題となってきたが、中国は公開をためらっている。日本海に大量のエチゼンクラゲが流れ着き、漁業に深刻な打撃を与えて問題となったが、その原因として渤海湾の汚染が示唆されている。

バイオ燃料って本当に二酸化炭素排出量がゼロなの？

　京都議定書では植物由来のバイオ燃料を二酸化炭素排出ゼロ（カーボンニュートラル）と計算できることになっている。原油資源の少ないブラジルは、サトウキビからエタノールを生産するエネルギー産業を作った。そのサトウキビが作られる土地はもともと森林であったところが多い。森林による炭素固着を消滅させ、土壌中の炭素を大気に放出し、石油燃料を燃やして動力を動かし、石油を使った化成肥料をまいて作ったサトウキビからのエタノールを燃やして自動車を走らせることは、国家にとってエネルギーの安定供給という利点は明確であるが、大気中の二酸化炭素を増やさないかどうかは疑問である。

　マレーシア、インドネシアは世界のアブラヤシの85％以上を生産し、大半を輸出している。アブラヤシは熱帯に広がる泥炭地に植えられる場合が多く、その泥炭地には数千億トンの炭素が蓄えられている。化石燃料から排出される二酸化炭素量が世界20位のインドネシアは、アブラヤシが植えられた泥炭からの二酸化炭素放出のため、世界第3位の二酸化炭素排出国になったと指摘されている。さらに、京都議定書で削減を義務付けられた日本政府が支援して、日本の企業は、マレーシアにおけるバイオディーゼル生産を2009年から始めて販売すると公表している。

　炭素循環を極めて単純化してしまうと植物から作るバイオ燃料は大気中の二酸化炭素量を増やすものではないとみなすこともできなくはない。しかしながら、土壌中に蓄積されている炭素、毎年植物が蓄えていく炭素、原材料生産、運搬、製造に使われる燃料や肥料から排出される炭素などの複雑な関係から、必ずしも植物由来が炭素排出量ゼロと単純に割り切れるものではない。

3．地球生物圏の許容限界を超える人間活動

(1) 増え続ける人口、止まらない経済成長要求

　20万年前、地球に現れた人類は、12〜13万年前と8万年前の氷河期における2度の絶滅の危機を脱した後、ゆっくりと数を増やし、生息域を拡大し、4万年前アフリカの大地を離れた後、急速に世界中に広がっていったと考えられている。しかし、人口増加は極めてゆっくりとしたものであった。紀元元年に2〜3億人程度に人口が増えた後も、1,000年間は年率0.1%以下のゆっくりとした増加であったと推測される。18世紀過ぎに10億人に達した後、20世紀に入って年率1%の急激な増加が始まり、20世紀半ばには年率2%を超える増加率に達した（表Ⅱ-10）。年率2%の増加は、35年で倍になることを意味している。2012年に70億人に達した後も、人口増加率は1.1588%（「世界人口白書」をもとに算出）を維持したままである。結果、今の人類が、その生存を依存している地球の生態系に与える影響は、膨大なものとなっている。

　国連人口基金は、「世界人口白書2014」で、世界人口を72億4,400万人、年平均増加率1.1%であると報告した（表Ⅱ-11）。世界の人口は、1分間に154人、1時間で9,300人、1日で22万人、1年で8,000万人、増加していることになる。

表Ⅱ-10　紀元元年からの世界の推計人口の推移

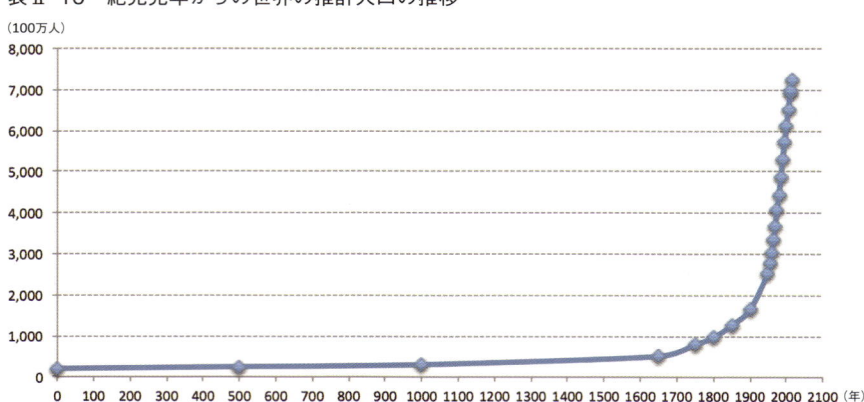

出典：世界人口白書及び他の報告を平均して算出した。

表Ⅱ-11　2014年世界の人口と2010-2015年の年平均増加率、平均出生率

地域	人口（100万人）（2014）	年平均増加率（%）（2010-2015）	平均出生率（2010-2015）
世界全体	7,244	1.1	2.5
先進工業地域*	1,256	0.3	1.7
開発途上地域**	5,988	1.3	2.6
後発開発途上国***	919	2.3	4.2

* 先進工業地域は、北アメリカ、日本、ヨーロッパ、オーストラリア、ニュージーランドで構成されている。
** 開発途上地域は、アフリカ全域、ラテンアメリカ・カリブ海地域、日本を除くアジア、メラネシア、ミクロネシア、ポリネシアで構成されている。
*** 後発開発途上国は、国連の基準による。
出典：国連人口基金「世界人口白書2014」

表Ⅱ-12　2012年世界の人口と国内総生産比較

	人口	割合	GDP（国内総生産）	一人当たり	対世界平均
世界	72.44億人	100%	72兆6,877億ドル	10,034ドル	
先進7ヶ国	7.46億人	10.30%	34兆5,235億ドル	46,278ドル	4.61倍
OECD加盟国	12.56億人	18.72%	46兆5,580億ドル	37,068ドル	3.69倍
発展途上国	59.88億人	82.66%	26兆1,297億ドル	4,364ドル	0.43倍
後発発展途上国	9.19億人	12.69%			

出典：総務省統計局、IMFデータベース

1年間で、ドイツ一国の人口が新たに地球上に出現していることになる。人口の増加割合は、中国、インド、インドネシアがあるアジア地域が58%、アフリカが14%、ヨーロッパが10%となっている。2050年にはアジアで12億人、アフリカで10億人増加して、世界の人口は90億人に達するとしている。35年後、地球上に新たに中国とインドが現れる計算になる。

　1990年以降、新興工業国：BRICS（ブラジル、ロシア、インド、中国、南アフリカ）の経済成長が続き、世界経済は大きく成長した。そして、一人当たりのGDPは1万ドルを超えた。世界全体の経済成長に伴い、各国の国内での格差は広がる一方である（表Ⅱ-12）。日本を含む先進7ヶ国が、世界平均の4.6倍の富を生み出し、OECD（35ヶ国、ロシアは加盟していない）が、7ヶ国に迫る3.69倍の富を築いた一方、82.66%の人口を抱える発展途上国は世界平均の半分にも満たない状態が続き、格差は広がる一方である。

　世界最大の経済力を持つアメリカでは、多数の国民が最低賃金レベルで生活する一方、その数百倍以上の所得を受け取る人がいる。経済発展が著しい、中国では所得格差は200倍とも500倍ともいわれ、個人の格差が広がり、教育、医療、労働機会の不平等を生み、水、食糧、エネルギーの不足、環境問題を生み出している。格差が広がれば、貧しい国は豊かな国を目指して開発行為を優先し、資源を持続不可能なレベルで利用しようとする。貧しい人たちは、生活のため、食糧を得るため、森を切り開き、生産をしようとする。人と、人で構成される国家は、平等な生活権を有しており、これを他国、他人が制止することは不可能である。しかし、人口の80％以上を占める途上国の人々が、先進国と同じような生活を求めて開発を行い、地球の有限な資源を利用するようになると、これまで人間活動を受け入れていた地球の有限生態系が大きくバランスを崩すことは明らかである。

　2008年、アメリカのサブプライムローンによる信用不安、続くリーマン証券の破綻で多くの低所得者層が職を奪われ、自宅から追われたにもかかわらず、その破綻の原因を作った大手銀行、証券会社が多額の税金で救済された。大きすぎて倒産させられないという理由で、税金を投入して救われた金融機関の幹部が、数億円のボーナスを支給されたことで市民の間に不平等な措置に怒りが蓄積されてきた。国家経済破綻の淵に追い込まれたアイスランドは、逆に、銀行を倒産、整理することで政府に対する市民の信頼を回復し、市民生活が保たれ、経済も順調に回復している。このような中、政府による資本家、金融機関優遇措置によって自由主義市場経済が正常に機能しないことに気がついた市民が、「オキュパイウォールストリート（ウォール街を占拠せよ）」と世界各地で、金融機関に対する行動を起こし、今も形を変えて継続している。このような中、フランスの経済学者トマ・ピケティが『21世紀の資本（英文タイトル：Capital in the twenty first century）』を出版し、資本主義では必ず少数の資本家に資本が集中するようになって、不平等社会を作ることを証明した。マルクスの「資本論」に続く資本主義経済の問題を明らかにした書籍として、700ページにもおよぶ難解な本にもかかわらず、世界各国語に翻訳され、ベストセラーとなった。オキュパイウォールストリート、オキュパイシティなどの資本家、大手金融機関に対する市民運動参加者に、彼らの行動が正しいことの根拠を与えた本として、世界に広がっている。

(2) 地球生物圏の行く末

　岩石圏、水圏、大気圏から構成される地球が46億年前に誕生し、約40億年前、太陽からのエネルギーを利用した生物が地球に誕生し、これら三つの圏を行き来する生命圏（ガイア）ができた。生命は、幾度も大量絶滅を繰り返しながら、人を誕生させた。そして、あたかも生命圏から独立するような人間圏と呼ばれるものが作り出されてしまった。しかし、人間は四つの圏から独立して存在しているのではなく、四つの圏に依存して命をつないでいることを忘れてはならない。

　17世紀後半に始まる産業革命は、食糧の増産と人口増加をもたらしたが、人の欲をエネルギーにした経済成長要求はとどまるところを知らず、人種差別、格差を生み出し、有限の資源を浪費する大量生産、大量消費、大量廃棄社会を作っていった。便利さを追求し、自然界には存在しなかった化学物質を四つの圏に排出し続けてきた。そして、ついに人間は、その命を依存している生命圏に大きな影響を与え始めた。欲望を限りなく肥大させ、一部の地域や人々に貧困や飢餓を押し付け、運命共同体である生物の命を使い捨てにし、自らの命をつなぐことさえも危惧されるようになってきた。

　2008年の「世界人口白書」による人口予測に加え、2005年の水、エネルギー、廃棄物、食糧、核廃棄物に関する情報から、世界の人口の８割を占める途上国の人々の生活が、現在のOECD加盟国平均の80％のレベルにまでになった場合、必要な石油量（エネルギー）は3.3倍、水は3.4倍、廃棄物は2.4倍、そして、食糧は4.1倍になると推測された。また、現在建設中および計画中の原子力発電所が稼働した場合、半減期が数億年の行き場のない高レベル核廃棄物が、毎年7,700トン世界中で生産され続けることになる。

　科学的な知識、技術の発展は、地球環境を外から眺めることができるようになり、有限の環境であることが明確に理解できるようになった。人類は近代文明によって作り出してきた大量生産、消費、廃棄社会が、地球の有限な生命圏に多大なる影響をおよぼしていることを理解できるようになってきた。他方、人類は、平等に生きる権利と発展する権利を有している。一部の地域だけが富み、一部の地域に飢餓や貧困を押し付け続けておくことはできないし、今、飢餓や貧困を押し付けられている地域の人たちが、発展を求めることを制止することはできない。前述のように資源を無制限に利用した場合、有限の地球の岩

石圏、大気圏、水圏、生命圏に不可逆的な変化をもたらすのは避けられないことである。大気の水循環は変化して洪水、旱魃、台風などの自然災害が頻発し、水を蓄える土壌を作っていた森林は消滅し、土壌は流出し、海洋、水の汚染で農業生産は低下し、少ない食料を奪い合う人間社会が現実味を帯びてくるのである。

　技術革新により、これらのことは克服できるとする楽観論が一部にある。しかし、酸素を作る熱帯雨林生態系を急速に破壊し、片方で酸素を使う人口を増加させ、経済活動を拡大させ続けていくことは、有限の生命圏において持続可能でないことを認識しておかなくてはならない。地球生命圏を維持するため、生存を依存している地球の生態系の連続性を維持するため、人の欲望をどこで、どのように制限するのか、どのような不利益なら受け入れられていくのか、その結果、どのような社会ができるのかを見定め、今、行動を開始しなければ、将来に膨大な負の遺産だけを相続させることになる。

4. 子どもたちに伝えなくてはならないこと

(1) 負の遺産だけを相続させないために

　東日本大震災後、多くの人が他人ごとではなく、原発問題、放射線、放射性物質、地球環境問題における人の経済活動の影響について知ろう、理解しようとするようになった。しかし、いまだに経済最優先、利益最優先の判断をする大企業、政府、自治体、大手メディア、御用学者は、原発や放射線に対して一面的な情報を流し続けている。人が生存できる地球環境は、偶然の結果生まれ、40億年という時間をかけて、生物種の半分以上が死滅する大絶滅を繰り返しながら、生物が創り上げてきたものである。環境が変化すれば、生物による循環が変化し、また、その循環が変化すれば環境が変化し、その変化した環境に適応できない無数の種は絶滅し、適応できた種だけが生存してきた。200万年前から始まる寒冷な地球環境に適応してきた人類は、生物による循環を大きく変化させるようになってしまった。しかし、自ら変化させた循環が作りだす地球環境において、人が生存できるかどうかは疑問である。

　人間のすべての経済活動は、地球上の有限の資源を利用した活動である。にもかかわらず、人は、お金という手段を用いて、無限に経済が成長することが国是であり、経済成長が人の生きていく手段であるという間違った価値観を共有した社会を作ってしまった。人がいかなる技術を開発し、どんな便利な物を創造しようが、人は生物による循環から独立した存在になりえない。「経済成長のために安定した電力が不可欠」、「電力会社の利益のために原子力発電所の再稼動が不可欠」、「経済成長のために安定した資源の確保が重要」という大企業経営者、官僚や政治家、御用経済学者の考え方の前提が間違っているのである。無限に経済が成長することや、技術や物で人が生物による循環から独立した存在になれないことを、子どもたちのためにも、今の大人は認識する必要がある。

　世界では、現在、毎年1,500〜1,800万人が餓死していると報告されている。食糧が豊富なはずの日本でも、2011年の人口動態統計によれば、栄養不足、食糧不足による死者数（推定餓死者）は2,053人と報告されている。食料が不足しているのではなく、物やサービスを交換する物差しであるお金の不公平な配

分のため命を絶たれる人が、日本でもこれだけのいるのである。

　安定した電力を供給できる原子力発電は、40億年かけて今の地球環境を創ってきた生物が自らの体の中に取り込んだことがない人工放射性核種を作り出し、福島第一原発は、それらをいまだに大気に、大地に、海洋に大量に垂れ流している。チェルノブイリ事故後、小児疾病率が上昇、奇形、がん発症率も上昇したため、それまで順調に伸びていたウクライナの平均寿命が、30年後には20年縮まり、これから10年以上縮むと予測した報告がある。原発事故を起こした日本でも、体の中に取り込まれた人工放射性物質が子どもたちの健康を阻害し、同じことがゆっくりと進んでいくであろう。チェルノブイリ事故による人への影響を継続して調査してきたユーリ・バンダジェフスキー博士は、2013年に来日して行った講演会で、「チェルノブイリより甲状腺がん発症ペースが非常に早く、深刻な事態だ」と述べ、日本の現状について警鐘を鳴らした。

　六ケ所村中間貯蔵庫・再処理施設には約3,000トンの使用済み核燃料が、電力を1ワットも作ることなく、崩壊熱を海に捨てながら保管されている。世界中には、地球の陸上のすべての高等生物を死に至らしめるだけの量である約20万トン以上の使用済み核燃料（死の灰）が類似の状態で保管されている。人類が生み出した最悪の毒物と言われる半減期2万4,000年のプルトニウムは、7半減期（16万8,000年間）以上、環境に放出されて生物に取り込まれないように、安全に隔離し、管理しなくてはならない。20万年の歴史しか持たない人類が対応できる期間ではない。

　経済活動によるエネルギーと資源の消費により、水と炭素の循環は変化しており、命の水を提供してくれていた氷河が融解し、河川は断流し、有害な紫外線から我々を守ってくれていたオゾン層に穴が空き、海洋・土壌は放射性物質や他の廃棄物で汚染され、地球の半分以上の生物が棲むといわれる熱帯雨林は減少し続け、循環の担い手であった生物種が過去の大絶滅の千倍以上の速度で減少している。常に肝に銘じておかなくてはならない不可避の事実は、今の大人がつくった地球環境でしか、私たちの子どもたちは生きていけないということである。人として、親として、企業家として、公務員として、政治家として、子どもたちの首を絞めている自らの手を緩め、命を支え合う人間社会を実現するために我々に残された時間はあと数十年であろう。子どもたちに多大なる負の遺産のみを相続させないために、経済成長・利益最優先の判断は社会犯罪であると認識し、環境問題の予防原則に則り、高等生物が遭遇したことのない人

工放射性核種を作る原発を停止し、作り出してしまった放射性核種を20万年間生物から隔離し、人が生まれる地球環境を作ってくれた循環の担い手である生物の多様性を維持し、海洋生物の基盤である干潟や浅海域生態系を守って海洋での炭素循環を保全し、大気・海洋・陸域への化学物質・放射性物質などの投棄・廃棄の停止を直ちに行わなくては、将来、我々、今の大人は、子どもたちから人類を絶滅に追いやった世代と非難される事を覚悟しなくてはならない。

(2) 私たちの残した地球環境でしか生きていくことができない子どもたちに伝えなくてはならないこと

　地球温暖化、生物多様性減少、オゾン層破壊など地球環境問題の影響が出るのは将来の話であり、今から準備することはないと考える人が多い。環境問題の研究者は、車に乗るな、物を捨てるなと、自分たちの研究費を取るために脅していると思われているかもしれない。人は、これまで有り余る地球の生態系の中で、生態系の恵みを直接感じることなく生活を営むことができた。しかしながら、IPCCの予測よりも40年早く北極の氷が溶け、地球の人を含むすべての生物に命の水を提供している氷河、万年雪、河川、湖沼は、予測よりもはるかに早く、加速度的に消失している。地球の命そのものが、ゆっくりと尽きていくかの様に、多様な生物の姿が消えていっているのである。IPCCは、今世紀末までに1.4℃〜5.8℃、地球の気温が上昇すると予測しているが、その予測より高緯度、高高度の地域で、はるかに早く変化が始まっている。問題に対応するための時間的な余裕はほとんどなくなり、10年先という、現在の世代での変化が迫っているという証拠が、科学的に次々と明らかにされている。

　1992年、リオ・デ・ジャネイロ地球環境サミットは、持続可能な人間社会実現に向けた行動計画アジェンダ21を採択した。サミットでは、12歳のカナダ人少女セヴァン・カリス・スズキが、出席した大人たちに向けて、「私たちの未来を奪わないでくれ」といったスピーチは、政府代表者などを沈黙させた。しかし、アジェンダ21の精神は理解しても、国、個人の行動は遅々として進まず、2002年、ヨハネスブルグ地球環境サミットでは、「国連持続可能な発展のための教育の10年」を採択し、子どもたちに地球生態系と人間活動の関係を理解するための教育をし、持続可能な社会への原動力にするべく人類全体で協力し、行動していくこととした。残念ながら成果を出せないまま、2012年、再びリオ・デ・ジャネイロで地球環境サミットが開催されたが、注目される成果も

なく終わってしまった。地球環境問題を解決し、人類に与えられた地球環境で子どもたちが生存できる社会を構築するためには、予防原則にのっとり、現状を理解し、どのように考え、判断、行動をとらなくてはならないかを考える力が必要だ。そして子どもたちに、以下のようなことを私たちは伝えていかなくてはならない。

★地球環境に人間活動は多大なる影響を与え始めているということ

　世界の人口がどのように増え、エネルギー、食糧、水、廃棄物などと関連して、どこでどのような環境変化を起こしているか、地球規模で理解しておく必要がある。

★地球環境問題においては予防原則が不可欠であること

　将来の予測は簡単ではないが、変化が起こってしまえば修復に莫大な資金と時間がかかり、困難であるし、たくさんの命が危機に陥る可能性が高い。したがって、物を作る時、物を消費する時、廃棄する時、常に予防原則に適応できるような判断力が必要である。

★現時点で深刻な問題が生じていないからといって、将来も大丈夫だとは限らないこと

　持続可能な限界点を超え、地球環境が変化し始めているので、常に環境の変化に対して注意して観察していかなくてはならないことを理解しておく。

★便利な生活を支える商品は、世界のどこかでその生産を支えるための自然および社会環境への影響があること

　チョコレート、コーヒー、アイスクリーム、衣類、石鹸、化粧品、すべての世界商品は、世界のどこかで環境問題、社会問題を起こしていることを理解しておく必要がある。

★経済最優先の判断は、人間社会全体に対する犯罪であること

　チェルノブイリ原発事故で放出された放射能にも匹敵する放射性排水を垂れ流し続けているアメリカ、イギリス、フランス、日本の行為を、社会犯罪であると判断できる能力がこれからの世代には不可欠である。

★地球環境問題は、非常に複雑であり、場当たり的な対策は良い結果をもたらすとは限らないこと

　場当たり的な生物由来燃料の利用、廃棄物処理、経済優先の放射性物質を含む廃棄物処理、食糧生産などは長期的に失敗することが多いことを理解しておく必要がある。

**★地球環境は驚く程の柔軟性、回復力を持っているので、諦めたり、環境保護
の努力を怠ったりしないこと**

　努力をしていくことで、環境の現状維持、回復はできないことではない。努
力を止めてしまうことで、行動を起こさないことで、環境が持っている回復力
を奪ってしまうことを理解する。

《授業実践例と方法》
人間活動産物の例として商品を使った地球規模の人間活動を知る授業例

はじめに

　子どもたちが自らの生活と環境問題との関係を理解し、行動を開始するため、日頃利用している商品から人間活動を知っていく必要がある。商品の原材料は誰が、どこで、どのようにして作られ、誰が加工し、どのように運ばれてきて、子どもたちの手に届いているのか。そして、子どもたちが消費した後、どのようになるのか、これらのことに関して知る方法を学習する。人間の経済活動の一つである消費する商品（物）を通して、人間活動を知り、その影響と人間社会の問題を理解し、これからどのような判断をして生活を営んでいかなくてはならないか、行動していかなくてはならないかの基盤となる価値観を養う。

準備

　ポテトチップス、チョコレート、アイスクリームなどの子どもの好きそうな商品を準備しておく。これらの原材料の生産方法、生産者、流通、商品生産、商品流通などにかかわる既存資料の所在（図書館、企業のお客様相談室、生産組合、流通組合、インターネット、原材料・商品生産による環境社会影響にかかわる報告書、対象となるお菓子の歴史やその変遷、その他）を調査し、リストを作成しておく。

方法

　好きなお菓子、食べ物で子どもたちを５、６人のグループに分ける。グループごとに対象となった商品の裏に書かれている原材料を書き出してみる。それらがどのようなものかグループごとに話し合って、商品がどのようなものからできているかについて調査を開始する。まず、商品のお客様相談室に直接連絡し（電話、インターネット）、原材料についてどこからどのぐらい購入しているか質問する。回答が得られた場合は、生産現場でどのような問題が起きているかについても質問し、商品生産者がどの程度原材料生産現場における事情について知識を持っているか、調査する。回答が得られない場合、原材料についての資料を、あらかじめリストアップしていた既存資料の所在機関に出かけ、子どもたちとともに調査する。好きなお菓子がどのような歴史を持ち、変遷し、

その原料がどこで、誰が、どのように作り、運ばれ、子どもたちの手に入るかについて世界地図、年表などにまとめて、グループごとに発表し、世界、世界の歴史と子どもたちの好きなお菓子がつながっていることについて理解を促進する。

　次に、そのお菓子を作るためにどのような影響が世界にあるか、発表された事実を基礎にして子どもたち同士で話し合う。好きなお菓子を作るために、森が伐られて、畑となり、また、子どもたちが学校に行くことができず、日々重労働を課されていることなどについて、話し合う。そこから、世界における国家間、人種間、国内の格差や差別、歴史における先進国と呼ばれる国、発展途上国と呼ばれる国との関係について理解を深める。

　次に、みんなでお菓子を食べ、ゴミ班、おしっこウンチ班に分ける。食べた後に残ったものを集め、燃えるゴミ、燃えないゴミに分別する。ゴミ班は、これらのゴミがどこへ集められ、運ばれ、どのようにして処理されているか、調査する。おしっこウンチ班は、子どもたちの体で処理されて、エネルギーになり、出ていくおしっことウンチの追跡、調査をする。お菓子から出てきた燃えないゴミ、燃えるゴミが、自然に帰ることなく、捨てられて、埋立地に残ってしまい、どのようになっていくか子どもたちに理解してもらう。おしっこウンチ班は、下水処理場でそのおしっことウンチを水と二酸化炭素に戻しているのは微生物という生物であることを知ってもらう。たくさんの生物の活躍で、お菓子は子どもたちの体を通り、また、お菓子の原材料を作る二酸化炭素と水に戻ることを知ってもらう。循環せず捨てられるゴミ、循環していくお菓子について、循環サイクルを図にまとめ二つの班に発表させる。発表後、循環しないゴミ、循環する物質を通して、限られた地球の環境で物質が循環する重要性について理解し、好きな物を通して現在の商品についての基本的な倫理観を養う。

まとめ

　最初の調査で、自分の好きな食べ物を詳しく知ることによって、自分の生活と世界がつながっていて、報告されている様々な環境破壊、森林破壊、児童労働などの問題が自らの生活と関係があることを知り、消費行動についての倫理観を養い、行動判断力を培う。

　次の調査で、食べ物を通して生態系による物質循環が自らの生活を支えてい

ることを理解し、物質循環の輪を断ち切ったゴミにかかわる倫理観を養い、行動判断力を養う。

評価の観点

　子どもたちが、美味しいから、好きだからと商品を消費するのではなく、地球のたくさんの命と一緒に生きているのだという自覚をもち、行動できるようになることを、子どもたちの消費、およびゴミにかかわる行動の変化から授業の効果を評価する。子どもたちの事象の理解、行動の変化へ結びつける視点から授業を評価する。

参考文献

エリック・シュローサ他「おいしいハンバーガーのこわい話」（草思社、2007年）

キャロル・オフ「チョコレートの真実」（英冶出版、2007年）

第七管区海上保安本部 環境防災課「海洋環境レポート」（財団法人海上保安協会門司地方本部、2009年）

デニス・L・メドウズ、ドネラ・H・メドウズ、他「成長の限界、人類の選択」（ダイヤモンド社、2005年）

デニス・L・メドウズ、ドネラ・H・メドウズ、他「地球のなおし方」（ダイヤモンド社、2005年）

FAO "Global Food Losses and Food Waste"（FAO、2011年）

FAO "State of World's Forest—enhancing socio-economic benefits from forest"（FAO、2014年）

FAO "Global Forest land-use change 1990–2005"（FAO、2012）

IMF "World Economic Outlook—recovery strengthen, Remains uneven"（IMF、2014年）

INIS Clearinghouse, IAEA "Inventory of radioactive waste disposals at sea"（IAEA、1999年）

International Energy Agency "2014 Key World Energy Statistics"（International Energy Agency、2014年）

ジャン・ピエール・ボリス「コーヒー、カカオ、米、綿花、コショウの暗黒物語」（作品社、2005年）

環境省「IPCC第5次評価報告書の概要—第1作業部会（自然科学的根拠）—」（環境省、2013年）

環境省大臣官房廃棄物・リサイクル対策部「日本の廃棄物処理 平成24年度版」（環境省大臣官房廃棄物・リサイクル対策部、2014年）

LMC International "Palm Oil Report Indonesia and Malaysia"（LMC International、2014年）

Mahelet G. Fikru "Trans-boundary Movement of Hazardous Waste: Evidence from a New Micro Data in the European Union"（Missouri University of Science and Technology、2012年）

OECD「OECD 環境アウトルック2030 日本語エグゼクティブ・サマリー」（OECD、2008年）

OECD "Industrial and hazardous waste, in Environment at a Glance 2013"（OECD、2013年）

オックスファム・インターナショナル「コーヒー危機 作られる貧困」（筑波書房、2003年）

PWR "Oil palm plantations: threats and opportunities for tropical ecosystems"（PWR、2012年）

United Nations "Population and Vital Statistic Report. statistic paper series A, Vol, LXVI"（United Nations、2014年）

UNFPA「世界人口白書 2014」（UNFPA、2014年）

UNEP Global Environmental Alert Service（GEAS）"Oil palm plantations: threats and opportunities for tropical ecosystems"（UNEP、2011年）

US Energy Information Administration "International Energy Outlook 2014"（US Energy

Information Administration、2014年）

US Energy Information Administration "Annual Energy Outlook 2014 with Projections to 2040"（US Energy Information Administration、2014年）

総務省統計局「世界の統計」（総務省統計研修所、2012年）

総務省統計局「世界の統計」（総務省統計局、2014年）

第Ⅲ章

人と社会と自然環境

保屋野初子

はじめに

　第Ⅰ章、第Ⅱ章では、地球の時間的・空間的スケールで過去に起きたこと、現在起きていることを知り、産業革命以降の人間活動が地球環境および生物に対しておよぼしている深刻な影響について学んだ。第Ⅳ章では、このような事態に対して人間活動はどうあるべきか、これから私たちはどのような価値観や倫理観をもって社会を創り変えていくべきかについて、20世紀後半からの思想の流れを理解しながら学ぶことになる。

　この章では、第Ⅰ章、第Ⅱ章、第Ⅳ章で紹介され解説されていることを、実際に現場で起きている事例を通してより具体的に理解していくケーススタディを行う。前半では、第Ⅰ章、第Ⅱ章の内容を受けて【海外編】として、ブラジルのアマゾン地方の資源開発の現場で起きている諸事例を取り上げてその背景を探り、日本の経済社会や私たちの生活との深い関係についても知ろう。後半の【国内編】では、地方の公共事業の現場で今まさに生じている紛争事例をケーススタディし、そこから見えてくる論点を第Ⅳ章へとつなげることにする。

　規模や地域は異なるものの国内外どちらの事例も、大量消費と飽くなき便利さを追求する現代の経済社会の基盤となっている「資源」の開発現場であるということ、自然環境を大きく改変し、そこで自然と共生してきた住民を追い出すたぐいの「開発」であることなどの共通点があり、その結果、深刻で暴力的な対立と紛争を発生させている現場である。

　この章では、これらのケーススタディを通して、私たちの社会を真に豊かにし、共に幸福を追求する開発とはどのようなものなのか、どうあってはならないか、私たちの消費や暮らしをどう変えていくべきなのか、などを「共生」の視点から学んでいこう。

【海外編】 世界の資源開発最前線で起きていること

ケーススタディ：ブラジル・アマゾンの水・鉱物・食糧の開発輸出と先住民

この事例を学ぶ目的

　ブラジルのアマゾンと聞くと、広大なジャングルとそこに棲む未知の野生動植物、アマゾン川の巨大魚や人食い魚、ワニ、裸で暮らす先住民といった、「未開の地」をイメージする人がいまだに多いことだろう。南米アマゾン川流域盆地のことをアマゾンと呼ぶが、その多くは熱帯雨林に覆われた世界最大の熱帯雨林地帯である。アマゾンの60%はブラジル領のため、ブラジルのアマゾンに未開のイメージをもつのも不思議ではない。これから学ぶブラジル・アマゾンとは、ブラジル政府が「法定アマゾン」と定めている行政的な範囲であり、生態的なアマゾン地域と周辺の一部を合わせた地域を指す。その面積はブラジル国土の60%にあたる約500万km^2、日本の国土の12倍に相当する。このうちの約355万km^{2}が熱帯雨林である。

　ブラジル・アマゾンは、今や約2,000万人が住み、木材、鉱物、農産物、電力、工業製品他さまざまな資源と製品を産出し、成長著しい一大輸出拠点である。「未開の地」からの大変貌は、20世紀後半からのわずか数十年間に国策と民間投資による大規模開発と無秩序な開発とが混在しながら進められたもので、近年の経済のグローバル化の波に乗って加速し拡大している。この発展は、かつて外貨不足とハイパーインフレに苦しんだブラジル経済にとっては喜ばしいことだが、ほぼ手つかずであった熱帯雨林帯や半乾燥帯を切り開いて成し遂げられた開発だということも事実である。ブラジルにとってのアマゾンとは、大きな開発の可能性をもった地域であるとともに、保護しなければならない森林と先住民などを抱える壊れやすい生態系でもあり、ジレンマと矛盾に満ちた地域なのである。

　アマゾンの森林破壊が主として先進国の都市住民に強い関心をもたれるようになったのは1980年代くらいからだろうが、それは「地球環境問題」という、どちらかというとバーチャルな性質の関心対象だった。一方、現地での森林破壊とは、森林に依存して暮らす人々の生存条件を暴力的に根こそぎ奪う、一つ

図Ⅲ-1　ブラジル連邦共和国の地図

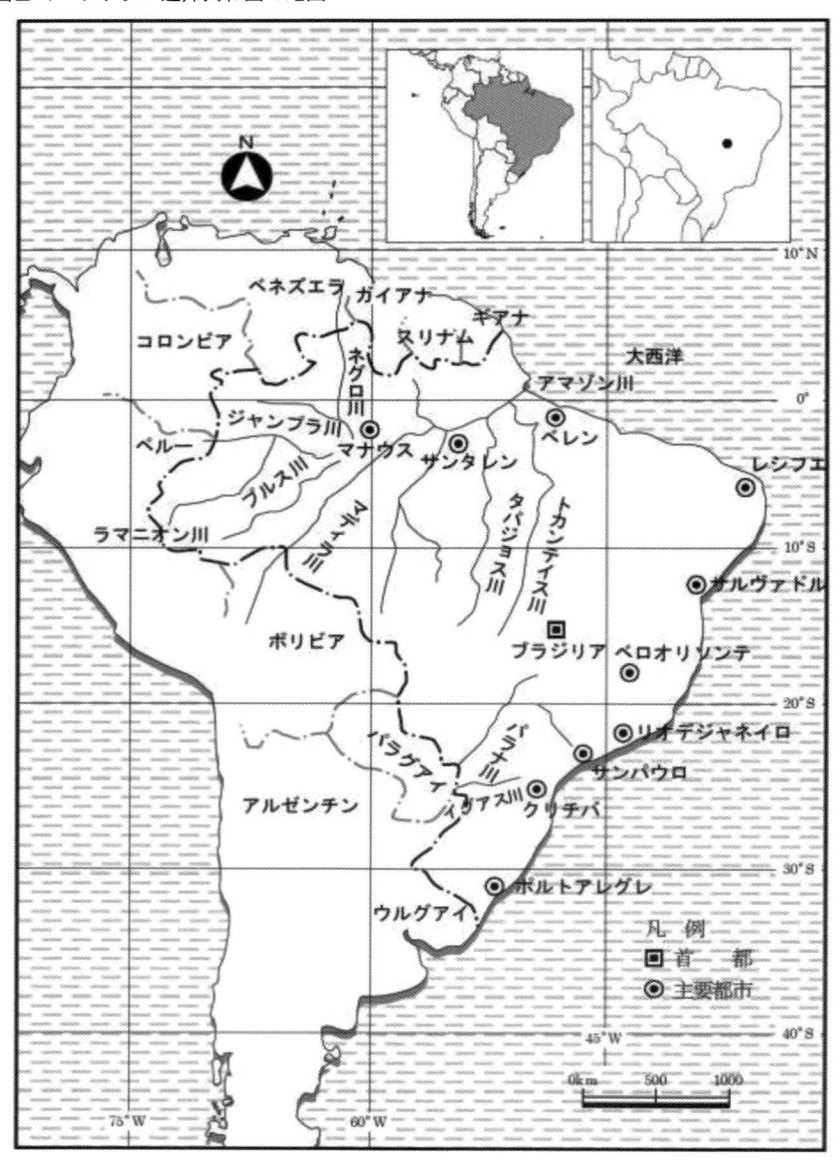

出典：一般社団法人海外林業コンサルタンツ協会『2013年版　開発途上国の森林・林業』p.707

ひとつの現実的な事件として起きていたものである。まさにブラジルの光と影がせめぎ合い衝突する現場だった。そして今また衝突は激しさを増している。ここでのケーススタディは、ある一事例を見るというよりは、「ブラジル・アマゾンの熱帯雨林破壊はなぜ続くのか」という問いに答える形で、その背景と先住民の置かれた状況から見ていくことにする。

　私たちは、「地球環境問題」を理解し解決を考えようとするとき、グローバルとローカルの間にある落差について知っておく必要がある。「動いている現場」のリアルな事実とその背景についての知識を通して、できるだけ現実に基づいた見方・考え方を身に着けることが重要である。このケーススタディの目的はそこにある。

1．巨大ダム建設ラッシュと先住民の土地

　ブラジル・アマゾンの開発は、ポルトガル人による植民が始まった1500年代以来一貫して行われてきたブラジルの歴史の一部になっている。しかし、本格的かつ大々的に進められたのは1960年代の軍事政権による国家プロジェクト以降のことだ。そのことは後で紹介するとして、まずは現在、最もホットで大規模な開発の一つとなっているダム建設計画と、それによって決定的な影響を受ける先住民の暮らしに焦点を当ててみることにしよう。

(1)　リオ五輪とアマゾンの巨大ダム計画の中止

　日本選手が大活躍した南米初のオリンピックが2016年8月、ブラジルのリオ・デ・ジャネイロで開催された。リオ五輪の全体テーマは「環境」だった。ブラジルの多様な自然、先住民や日系移民の歴史も題材に、多様性と融合を謳い上げていた。日本では報道されなかったが、開会式直前の8月4日、ブラジル政府が計画していたアマゾンの巨大ダム建設の中止が決まった。ダム建設の認可取り消しを言い渡したのは、同じブラジル政府の環境・再生可能天然資源院環境省（IBAMA）だ。第一報はブラジルの有力経済紙が発信し、国際環境NGOがインターネットを通じて建設反対の電子署名をしていた120万人超の人たちに伝えた。

　そのダムとは「サン・ルイス・デ・タパジョスダム」（以下、タパジョスダム）で、堰き止められようとしていたタパジョス川は、南西部からアマゾン川中流部に合流する大きな支流の一つだ。発電能力は8,000メガワットと、2016年から稼働しているブラジル最大のベロモンテダムに次ぐ規模の、世界有数の巨大発電ダムになる計画だった。しかしタパジョスダムを建設すると、広大な森林面積とともに多様性が非常に高い生息地を水没させ、その流域で長い間暮らしてきた先住民・ムンドゥルク族の土地を奪うことになる。しかも水没予定地域に、先住民保護庁（FUNAI）がムンドゥルク族の土地と認定したばかりの地区が含まれていた。これはブラジル憲法が禁じている、認定された先住民の土地の開発にあたるため、それを理由にIBAMAが環境認可を取り消したのである。

　オリンピックという国際的な注目が集まるタイミングを見計らったかのよう

にIBAMAが認可取り消し決定を下した背景には、ムンドゥルク族がベロモンテダムの悪影響を受けている別の先住民の助言を受けてダム建設に抵抗していたことと、国際環境NGOに応援を求めることで、タパジョスダム建設に対する国際的な批判を味方につけていたことがあった。1992年に開催された第1回国連環境開発会議（UNSED 通称「地球サミット」）、いわゆるリオ・サミットのときも、開催国ブラジルは、アマゾンの森林破壊に対し世界中から浴びていた批判をかわすために、データを示せないにもかかわらず当時の大統領が「森林減少は止まっている」と宣言せざるをえなかったことが思い起される。

アマゾンの水資源量とダム計画ラッシュ

　ブラジルはじめ9ヶ国にまたがるアマゾン川流域は、世界一広い流域面積650万km^2（ブラジル地理統計局＝IBGE推定）をもち、世界の熱帯雨林面積の約半分を占める。そこには、世界の全河川の3分の2に相当する水が存在する。アマゾンは地球における森と水の宝庫であり、特定の国の領土という以上に、熱循環、水循環、気候システムなど地球レベルの循環において非常に重要な役割を果たす地域である。

　豊富な水資源を電力として利用しようと、ブラジルはじめ周辺諸国は、2000年代に入って経済成長で高まったエネルギー需要をより低いコストで供給できるダム建設にひた走っている。アマゾン川流域にはすでに150基のダムが完成しており、さらに400基以上の建設計画がある。アマゾンにおける巨大ダム建設が安く済む理由は、おしなべて平地のため支流の1ヶ所を堰き止めることでその背後に膨大な水量を貯留できる、人口が少なく補償を最小限に抑えることができる、などである。

　反面、膨大な森林面積が水没するとともに工事用道路などを建設するために大量の樹木が伐採される。さらに、貯水池そのものが温室効果ガスを発生させる。広大な面積のダム湖面からはメタンガス、二酸化炭素が大量に発生し、アマゾンのダム湖からのそれらを合わせると、25年以上前の調査でも全世界の発生量の0.1％を超えると推定された。また、最近の研究では、河川の連続的な堰き止めによって地盤沈下や局地的・広域的な気候変化を引き起こす可能性が指摘されている。熱帯地方に巨大ダムを建設することは、生物多様性の破壊のみならず気候変動要因をつくることがわかってきた。

　その後、世界的な熱帯雨林保護世論が高まり監視される中で、ブラジル政府は数々の努力を行った結果、一時期森林減少は落ち着いていた。その一方でブラジル政府はこの間に、経済成長を追求する政策を推し進め、アマゾンで多数の水力発電ダムを建設する計画を立てていた。中止となったタパジョスダム計画は、タパジョス川とその支流域だけで43計画あるうちの一つに過ぎない。たった一つの計画が止まっても、2022年までに10基のダムを完成させる方針をブラジル政府は変えていない。

　今回の決定に対して「タパジョスダムの中止でエネルギーコストは上昇するだろう、他の電源を探さなくてはならない」（ブラジルのエネルギー計画調査を担当するブラジル・エネルギー・リサーチ社（EPE）社長）というコメントからわかるように、アマゾンの安い水力発電電力を求める圧力は減らないだろう。アマゾンを生産と輸出の拠点として発展させ、世界市場で確たる地位を築きたい政府と利害が一致しているからだ。

(2) 先住民と国際世論によるダム反対運動

　ブラジル・アマゾンの先住民は、ポルトガル人によるブラジル「発見」とされる1500年代以降、ヨーロッパ人の侵入と植民によって迫害され続けてきたが、長い間アマゾンへは外からのアクセスが難しかったため、森と水辺での伝統的な暮らしを維持する種族は多かった。しかし1960年代に軍事政権がアマゾン開発に本格的に着手し、国道を建設した時から状況は大きく変わった。アマゾンの大規模開発の目的と主役は時代とともに変化していったが、それはあとで述べることにする。

　一本の国道が、わずか数十年でアマゾンを「未開の地」から「輸出基地」に変貌させる突破口になったということである。緑を引き裂く直線の道は、その沿線、その周辺へと開発地を面的に推し拡げていく（写真Ⅲ-1 参照）。どんな開発の場合も、森林を引き倒し焼き払うことが第1段階となるので、アマゾンの大規模開発とは、大面積の森林破壊と同じことを意味する。

　1980年前後から激しさを増したアマゾンの森林破壊の勢いは、世界中の人々の目に耳に届くようになり、とくに先進国の市民の間で熱帯雨林保護への関心が高まった。スティングの名をご存じだろうか。1980年代に森林保護団体を設立してアマゾンに暮らすカヤポ族のダム反対運動を支援した世界的ミュージシャンだ。映画「アバター」監督のジェームズ・キャメロンもカヤポ族の運動

写真Ⅲ-1 「フィッシュボーン」と呼ばれる熱帯林への入植パターン

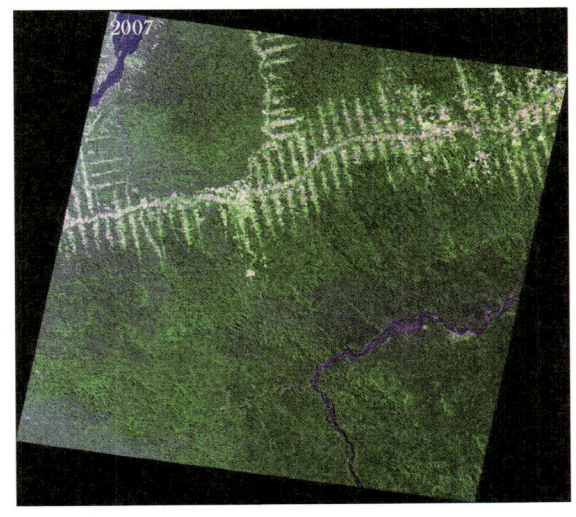

出典：国士舘大学地理学教室ホームページ（http://bungakubu.kokushikan.ac.jp/chiri/）、「今月の地理写真」Vol.12-03、2010年3月号

に触発されて映画を製作したと言われる。開発と闘う先住民への支援を有名人や作品を通じて行うことが、世界的な環境問題に対する運動の一つのスタイルとなったのである。カヤポ族が主役となったのにはそれなりの理由がある。

　カヤポ族は、アマゾンの主な支流の一つ、シングー川沿いに暮らし、そこに計画されたいくつものダム計画に対して反対闘争を続け、その勇敢さと優れた知略が知れわたっている。彼らがダム計画に激しく抵抗し続ける理由は、食料、水、移動手段などをシングー川に深く依存して暮らしてきたためで、その一帯の水辺と森林を水没させられれば、自らの生存基盤そのものを奪われることになるからだ。反対運動の中でカヤポ族は国内外の世論に訴える戦略を選び取り、アマゾンの森林破壊問題が漠然とした地球環境問題ではなく先住民の生存権にかかわる問題であることを世界に発信することに成功したのである。

　カヤポ族に限らずアマゾンの先住民は、何千年もの時間をかけて熱帯雨林やその周辺の生態系に適応し、狩猟・漁労、焼畑による自足的な暮らしと文化を続けてきた。私たちが暮らす近代文明における鉱工業生産・都市的消費文明の対極にある「もう一つの文明」を維持する、人類の財産ともいえる人々である。

彼らの文明には水辺を含む広大な面積の森林生態系が必要なため、今日まで残る先住民は、開発に圧されてアマゾン川支流域の奥深くに追い込まれて暮らしている。膨大な面積を水没させる巨大ダムは、そのような先住民の居住域さえ奪うものである。

　1970年代から始まったブラジル・アマゾンでの大規模ダム建設では、これまでも先住民居住地区が森林とともにダムに沈められ、数千〜数万の先住民が移住させられた。近年の巨大ダム計画・建設ラッシュの中でも国内最大、世界的にも最大級のベロモンテダムが完成し、2016年から稼働している。このダムによってシングー川沿いの500km^{2}が水没し、１万6,000人が移住を強いられた。国内外からの強い反対にもかかわらずブラジル政府がこの巨大ダム建設を強行した理由は、旺盛な発展を遂げるブラジルの電力需要を賄うにはダムが不可欠というものだった。

　しかし、完成したベロモンテダムの送電先がいまもって決まっていない。すでにブラジル・アマゾンには100以上のダムが完成しているが、消費地までの距離が遠く、著しく送電効率が悪いという欠点がある。また、ブラジル経済は再び低成長、マイナス成長に落ち込んでいるが、今あるダムの３倍にあたる400以上の水力発電ダム計画は、変更されていない。ブラジル・アマゾンの大規模開発に共通する「効率の悪さ」「無駄に大きな犠牲」を象徴しているのが巨大ダム開発だといえる。

（3）　ブラジル憲法が保障する先住民の権利と現実

　リオ・デ・ジャネイロで地球サミットが開催された1992年は、「国連の世界の先住民の国際年」（以下、「国際先住民年」）の前年である。地球サミットに集まった世界各地の先住民たちは自分たちの土地や環境が悪化していることを世界に向けてアピールし、それを受け止めた国連は翌1993年を国際先住民年と宣言した。国連諸機関で先住民問題に取り組む計画を立て、「世界の先住民の国際10年」（第１次1995-2004年、第２次2005-2014年）という期間を定めて継続的な取り組みを行った。その間の2007年には「先住民族の権利に関する国連宣言」が国連総会で採択された。この宣言に盛り込まれた先住民の権利には、個人の権利と集団の権利の両方があり、先住民の制度、文化、伝統などの固有の生活様式を守りつつ、経済社会開発に対する自らの必要や願望を追求する権利も含まれている。

この権利宣言が画期的なのは、人種的平等や個人および集団の自己決定権がようやく先住民におよんだ点にある。土地や開発に対して先住民自身が決定していく権利がとくに強調されている前提には、次のような歴史的な経緯の認識がある。「とりわけ、自らの植民地化とその土地、領域および資源の奪取の結果、歴史的な不正義によって苦しみ、したがって特に、自身のニーズ（必要性）と利益に従った発展に対する自らの権利を彼／女らが行使することを妨げられてきた」（先住民族の権利に関する国連宣言前文・仮訳より）。このように国際社会が先住民問題にともに取り組み、先住民の権利を普遍的なものと認めるに至ったきっかけとなった地球サミットが、ブラジルで開催されたことは意義深い。

　前述したように、ブラジルの先住民は迫害され続けた歴史を負っている。ブラジル「発見」当時の先住民の推定人口は数百万人（120万人〜800万の間で諸説ある）、二百数十部族が沿岸から内陸の全域の、多くは水辺近くに居住し、自然崇拝のもとで狩猟・漁労とわずかな焼畑栽培を糧に生活していたとされる。しかしこの500年余に人口は推定18万〜35万人に激減した。他方、1550年頃に約4,000人いたとみられる白人人口、すなわち非先住民人口は、現在、先住民の混血も含め2億人を超える。

　一方でブラジルは、国際先住民年、先住民族の権利に関する国連宣言に先立って先住民の権利を憲法で保障していた数少ない国の一つである。1988年に制定されたブラジル憲法の231条は、先住民が文化的・伝統的に占拠してきた土地に対する始原的権利を保障し、その土地の境界画定と保護を連邦政府に課した。ここで先住民の土地の「境界画定」作業について少し説明をしておこう。まず文化人類学者、先住民専門家などの専門家チームが各先住民の土地の境界調査を行い、政府がこれを検討して他と利害調節したうえで境界線を決定、測量・杭打ちののちに登記して大統領署名する、という一連の手続きのことである。これによって、国家が先住民の土地であることを証明・保障して彼らの領土と生活を保護する。1988年の憲法では、5年以内にすべての先住民地域の境界線を画定して保障していた。

　ところが、5年後の1993年時点で半分以下しか進んでおらず、大部分の先住民居住域で不法伐採業者、金採掘人、牧場主、農場主などによる土地侵害が進んでいた。1999年時点でも45％超が未画定、うち8〜9割は画定作業の途上であった。境界画定作業の遅れの要因は、当初からの政府の財政難・人材不足も

あるが、先住民政策の後退が大きい。1996年にカルドゾ大統領は、境界画定しても未登記の先住民地域に対しては利害関係があると主張する個人が異議申し立てできる大統領令に署名した。その結果、登記に時間や金銭コストがかさむようになったことと、先住民の土地を侵害する入植者や業者、労働者などを利することになり、先住民と侵入者との間で過酷な対立と紛争を引き起こしていった。大統領令は、そうした「利害関係者」に譲歩したのである。

　別の角度から見た場合、遅れているとはいえ、すでに画定された先住民地域は2004年時点でもブラジル全土の11％強にあたる約9,500haにおよんでいる。国土の1割強を数十万人の先住民のために国家が保護するという理想を掲げる一方で、経済大国になるためアマゾン開発を進める国策との間の矛盾が、「先住民の権利」政策の後退となって現れ、先住民の土地をめぐる紛争はますます激しさを増し、「先住民の権利」状況は悪化の一途をたどっているのである。

2. ブラジル・アマゾンの開発と社会的不公正

(1) 貧困問題のはけ口と格差の拡大

　「人なき土地に、土地なき人を」。1960年代、軍事政権がアマゾン大開発を始めるにあたって掲げたスローガンだ。東北部の土地なし民を入植させる貧困削減目的で国道を通しその沿線に土地を与える計画だった。計画はすぐに失敗に終わったが、大々的な環境破壊の背後には、その社会が内部に抱える格差や不公正、他国との力関係といった社会経済的要因がある。森林破壊と同義のような類いの開発がブラジル・アマゾンで半世紀以上にわたって進められてきた理由、熱帯雨林の重要性を承知しながらも開発が止まらない理由を理解するためには、ブラジル国内に存在し産み出され続ける社会的な不公正、国際的な経済競争を抜きに考えることはできない。

　それにしてもなぜ軍事政権がアマゾン開発に強い関心をもったのかと、疑問に思うのではないだろうか。ブラジルの軍事政権は1937年のヴァルガス政権に始まるが、その目標は一貫してブラジルを近代国家として「統一」することにあった。その歴史に由来するが、ブラジルの社会基盤は、地方ごとに領主がその地方を支配する封建的な大土地所有制度にあり、20世紀になっても国家として「統一」されているとは言いがたい状態にあった。

　軍事政権が1950年代から60年代にかけて行った近代化政策は、自動車、製鉄、化学、電源開発、道路建設といった国内工業の発展とそのインフラ整備で、首都ブラジリアの建設もその一つだ。現在のブラジルの社会経済基盤整備はこうして短期間に集中的に行われたが、国民の教育水準や技術が不十分なうちに過剰投資した結果、国家財政は破綻した。高度インフレによる不況と貧富の格差が拡大し、農村の貧困層が都市に流れ込んで巨大スラムを形成するなど、人々を苦しめる経済問題と社会問題を創り出してしまった。

　アマゾン開発の裏には、軍事政権の経済政策の失敗があったのである。産み出された社会問題の矛盾を解消する切り札として利用されたのが「未開の地」アマゾンだ。近代国家づくりとナショナリズムは切り離せない関係にあり、軍事政権はアマゾンを諸外国からの「侵入」を防ぐ最前線と位置づけて安全保障面でも「国家統合」の象徴として扱った。「人なき土地に、土地なき人を」と

いうスローガンには、国境防衛の意味も込められていたのである。

　「第1次国家開発計画」（1972-1974年）は、道路建設、農地開拓、牧畜業の拡大、鉱山事業の推進をめざし、まずはインフラとなる「アマゾン横断道路」（いわゆるアマゾンハイウェイ）1,200kmを開通させ、その沿線に北東部の貧しい土地なし農民10万世帯〜100万世帯を入植させるという大々的な計画だった。しかし、わずか一万数千世帯しか集まらなかったこと、熱帯雨林の土壌は薄いため森林を伐採すると侵食・劣化して農業に適さないこと、未知の土地に入った土地なし農民の多くが適応できなかったことなど、惨憺たる結果に終わっている。残されたのは、森林をはぎ取られた広大な土地と漂流する貧民だった。

　そうなると政府は貧困削減目的の入植政策をあっさり打ち切り、今度は国産エネルギーと原料の開発、鉱物や農産品・牛肉・木材・パルプといった資源原料の輸出をめざす「第2次国家開発計画」（1974年）に移る。政府は民間の大規模開発計画に対して助成金、融資、税制上の優遇などの政策を次々と打ち出し、貧困削減とは正反対の大資本優遇に走った。その結果、アマゾンに国内外の大企業系資本による大規模牧場開発が集中的に進出し、大面積の森林破壊につながったのである。

（2）誤った開発政策による熱帯雨林破壊と暴力の蔓延

　"アマゾンの山焼き"の映像や緑がはぎ取られた大地の衛星写真を、世界中の市民が目にするようになるのは、1980年前後からだ。そうした森林破壊の見える化が先進国での地球環境問題への関心を高め、熱帯雨林保護の世論を押し上げたことはまちがいない。アマゾンでは1977年時点で政府の助成金を受けた牧畜業者の所有総面積は8万km^2、1989年だけで日本の国土面積37万km^{2}に近い35万km^{2}が肉牛の放牧用地となり、そのために14万km^{2}の森林が破壊されたとされる。これには土地投機も含まれ、牧畜業開発がこの時期のアマゾンの森林消失の最大の原因となった。つまり、政府の誤った開発奨励策が、森林破壊を大々的に後押ししたことになる。

　こうしたブラジル政府のアマゾン開発を資金面で支援したのは国際金融機関だった。その先頭に立ったのが、世界銀行だ。ブラジル政府の最初の植民計画が失敗したにもかかわらず、世界銀行は1981年から2年間に約4億5,000万ドルの融資を行い、アマゾン西部のロンドニア州とマットグロッソ州へ土地なし

写真Ⅲ-2　ブラジル・アマゾンでは森を焼いて開拓する

筆者撮影（1989年、パラ州）

貧農を送り込む、ブラジル政府がかつて失敗したと同様の植民計画に手を貸した。「ポロノロエステ移住計画」と呼ばれる悪名高い融資プロジェクトである。

　世界銀行の融資の大部分は国道364号線の舗装と、手付かずの森林地帯に支線を建設するのに使われ、1989年だけで20万人の土地なし民が入植したとされる。この貧困対策という名の森林破壊事業となったポロノロエステ移住計画に対する世界銀行の融資が、アメリカ議会や各国NGOからの批判の的となり、世界銀行も環境保全に配慮しなかった誤りを認めて融資を停止した。これをきっかけに、世界銀行は融資に当たって環境影響評価を行い、その結果を融資計画に反映する仕組みを整備することとなった。

　このような誤ったアマゾン開発政策の過程で、1970年代以降ブラジルは世界最大の森林消失国となり、以来ワーストの地位を保ち続けている。表Ⅲ-1の年間の森林減少面積の変化を見ると、1977年からの約10年間と2000年代前半にピークがあり、毎年2万〜3万km²の森林が消失していたが、2009年以降は一桁少ない7,000km²前後で推移している。これは、ブラジル政府が、とくにアマゾンにおける違法伐採対策と森林減少抑制策のための規制と監視の強化、衛星を活用した森林監視システムの構築などを行った成果と考えられている。しかし、2016年は前年より27％も消失面積が増加し、再び悪化の傾向がみられる。

表Ⅲ-1　ブラジル・アマゾンにおける森林消失面積の推移

年・期間	ブラジル・アマゾンの推定森林面積（km²）	年間森林消失面積（km²）	1970年の森林面積に対する残存率（%）	1970年以降の森林消失面積累計（km²）
1970以前	4,100,000			
1970	4,001,600		97.6	98,400
1977	3,955,870	21,130	96.5	144,130
1978-1987	3,744,570	21,130	91.3	355,430
1988	3,723,520	21,050	90.8	376,480
1989	3,705,750	17,770	90.4	394,250
1990	3,692,020	13,730	90.0	407,980
1991	3,680,990	11,030	89.8	419,010
1992	3,667,204	13,786	89.4	432,796
1993	3,652,308	14,896	89.1	447,692
1994	3,637,412	14,896	88.7	462,588
1995	3,608,353	29,059	88.0	491,647
1996	3,590,192	18,161	87.6	509,808
1997	3,576,965	13,227	87.2	523,035
1998	3,559,582	17,383	86.8	540,418
1999	3,542,323	17,259	86.4	557,677
2000	3,524,097	18,226	86.0	575,903
2001	3,505,932	18,165	85.5	594,068
2002	3,484,281	21,651	85.0	615,719
2003	3,458,885	25,396	84.4	641,115
2004	3,431,113	27,772	83.7	668,887
2005	3,412,099	19,014	83.2	687,901
2006	3,397,814	14,285	82.9	702,186
2007	3,386,163	11,651	82.6	713,837
2008	3,373,252	12,911	82.3	726,748
2009	3,365,788	7,464	82.1	734,212
2010	3,358,788	7,000	81.9	741,212
2011	3,352,370	6,418	81.8	747,630
2012	3,347,799	4,571	81.7	752,201
2013	3,341,908	5,891	81.5	758,092
2014	3,336,896	5,012	81.4	763,104
2015	3,330,689	6,207	81.2	768,935
2016	3,322,700	7,893	81.0	777,204

出典：Rhett Butlerによる、ブラジル国立宇宙科学研究所（INPE）および国連食糧農業機関（FAO）の統計資料からの作表、MONGABAY, 2017-Jan-26

図Ⅲ-2　法定アマゾンにおける森林消失面積の推移

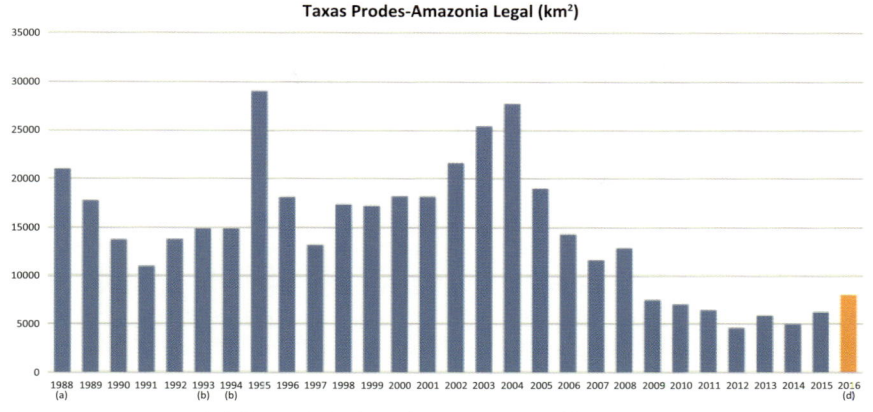

出典：ブラジル国立宇宙科学研究所（INPE）*2016年は推定値

ブラジル・アマゾンでは、1970年以前に410万km²あった熱帯雨林が2016年に332万km²となり、累計で77万km²が失われ、もとあった森林の19％にあたる。

(3)　根本にある土地の配分問題

　半世紀にわたるすさまじい勢いの森林破壊がアマゾン地域にもたらしたものは、人間の荒廃と暴力の蔓延だ。土地登記制度が整っていなかったアマゾン地方では、押し寄せる外部からの開発者と先住民や土着農民たちとの間で大量の土地紛争が発生している。驚くべき数字がある。1971年にアマゾンの全死亡者に占める土地紛争の犠牲者は初めて6％になったが、1976年には全死亡者の90％が土地紛争によるものとなったというのだ。カトリック教会の土地司牧委員会（CPC）の調査によると、2016年に国内で起きた土地紛争がらみの殺人は61人を数え、ロンドニア州だけで21人が殺害された。殺人はアマゾンのロンドニア、パラ、マラニョンの3州に集中しており、パラ州では2014年までの40年間で、農民、指導者、宗教指導者、弁護士ら合計947人が殺害されたという数字もある。これは、大規模牧場主や農場主が雇った用心棒が紛争相手の先住民や農民を殺害しても警察力がおよばない、あるいは警察が買収されるといった理由によるとされ、近年再び悪化している。

　「人なき土地に人を…」と、貧困削減という正当性を掲げて以来半世紀。広

大な熱帯雨林の2割を切り開いてきた、その最前線ではフロンティアの輝きよりも野蛮な現場を生じさせてしまったのである。同じアマゾンの中でも先進国並みの生活ができる大都市がある一方、奥地に進軍する開発最前線ではたえまない暴力や不正が吹き荒れている。アマゾンの開発は、ブラジルに富をもたらした反面、社会的な不公正を新たに生産してきたのではないだろうか。次節で学ぶように、そこは世界市場とつながり、世界市場を支える、資源開発のホットスポットである。

　「新大陸」にヨーロッパ人が渡った時から「無主」の土地や資源から新たな富を獲得し、そこが飽和すればまた新天地を求めて移動する。土地と資源は無限という前提でどこまでも開発最前線を延ばしていく経済のあり方は「フロンティア経済」と呼ばれる、北アメリカの開拓期と共通するブラジル経済の原初的なパターンである。しかし、「無主」とみなした土地や資源にもすでに先住の主がいたことは無視され、開拓地においては外から来た入植者が早い者勝ち、取った者勝ちでその土地を統治していくことがむしろ "善いこと" とされた。ブラジルの社会構造を特徴づける大土地所有制は、そのような原理を受け継いでいる。

　新世界・ブラジルの統治者となったポルトガル王室は、申請者には作物栽培を条件に未開拓地を無償供与する「セスマリア」という制度を設け、植民地を拡げていった。それによって大土地農園主が生まれ、その農園を基盤とする封建領主制が地域ごとに発達し、近代化以前のブラジルの社会経済を形づくった。少数の大土地所有者とそれ以外の小作農あるいは農業労働者から構成される社会構造は、近代化が遅れた北東部に近年まで残ったのである。ブラジル北東部は、ポルトガルによる植民地が最初に拓かれた大西洋岸の半乾燥地帯にあたり、サトウキビ大農園

写真Ⅲ-3　不法伐採を見回る先住民

筆者撮影（1996年、ロンドニア州）

写真Ⅲ-4　森林伐採面積の拡大のようす（ロンドニア州）

2000年

2012年

出典：NASA Earth Observatory, Amazon Deforestation by Rebecca Lindsey

の労働力として狩られた先住民、アフリカから連行された奴隷の子孫や混血の
人口比率が非常に高く、アマゾンを除けば最も取り残された地方となった。そ
こが20世紀に入るとたびたび干ばつに襲われたことをきっかけに大量の土地な
し農民を生み出し、都市スラムを中心に大貧民層を形成するなどして国内の貧
困問題を拡大させたのである。

　ブラジルの貧困問題、格差問題の根本には土地所有の不均衡があり、軍事政
権はじめブラジルの歴代政権は、国内の不安定要素である貧富の差を縮めよう
と、土地なし農民に土地を与える政策、すなわち「農地改革」を掲げ進める姿
勢を示してきた。見てきたように、土地問題をアマゾンにおいて解消させる策
は失敗し、この問題は南部での土地なし農民に国有地を払い下げたり、私有地
を買い上げて与えるなどの方法によって解決が試みられているが、根本的な農
地改革はいまだ実施されていない。アマゾンではむしろ、自然環境や土地に根
ざした生業を維持してきた先住民や小規模農業者を犠牲にし、土地問題を先鋭
化させるような開発政策が採られたといえるだろう。

3. アマゾンの開発最前線と資源でつながる私たち

(1) 開発から輸入まで日本がかかわる鉄鉱石、アルミニウム

　ブラジル・アマゾンから日本に向けて輸出されている主な1次産品に、鉄鉱石、アルミニウム、そして大豆がある。どれもこれも日本の産業、食文化を支える基礎的な資源だ。日本にとってブラジルは鉱物資源、食糧などを依存する重要な貿易相手国で、中でも鉄鉱石の3割近くをブラジルが占め、その大部分はアマゾンのカラジャス鉱山産のものである。

　カラジャス地方は、アマゾン川の主要な支流であるシングー川流域他の熱帯雨林帯を含む、山地から大西洋岸の平地まで多様な生態系からなる広大な地域だが、その山地で大きな鉄鉱山が発見されたのは1967年のことだ。1980年代になってブラジル政府から要請を受けた日本政府、当時の国際協力事業団（現在は国際協力機構＝JICA）は、埋蔵量180億トンといわれる世界的規模の鉄鉱山の開発基本計画を作成し、世界銀行とともに融資して、カラジャス総合開発プロジェクトが始まった。これは内陸部にあるカラジャス鉱山で掘り出した鉄鉱石を輸送するために大西洋岸のサンルイスまで900kmの鉄道を敷設し、大型船舶が入れる港湾建設も含んだ大規模開発事業である。

　カラジャス開発の主体企業は当時ブラジル国営会社のヴァレ・ド・リオドセ社（以下、リオドセ）で、日本は政府と製鉄7社がインフラ整備はじめ相当量の鉄鉱石を引き取ることでリオドセ社を援助した。このように政府・企業・商社が協力して相手国・企業に開発資金を提供し引き換えに資源確保を行うやり方は、日本が得意としてきた資源開発輸入の一形態であり、日本の基幹産業を支えてきた。ブラジルは世界の3大鉄鉱石生産国の一つで、その中でカラジャス鉄鉱山はブラジル最大の産出量をもつ鉱山に成長しており、これに関して日本の貢献度は非常に高い。リオドセ社は1997年に民営化されたが、今や世界最大の鉄鉱石生産量をもつ資源メジャー、ヴァーレ社として成長を続けている。

　ブラジル・アマゾンから輸入する鉱物資源で日本にとって重要なものには他に、ボーキサイトとアルミニウムがある。「アマゾンアルミ・プロジェクト」と呼ばれる開発輸入事業は、1970年代後半に始まった日本とブラジルによる総

写真Ⅲ-5　宇宙から見たカラジャス鉱山

出典：NASA Earth Observatory, Carajás Mine, Brazil（2009年7月26日撮影）

合開発プロジェクトだ。これは、アマゾン川の中流域と支流域で採掘される
ボーキサイトを、中間原料のアルミナに精製、アルミニウム製錬までを一貫生
産してアルミ地金を日本などに輸出するもので、このうち採掘とアルミナ精製
を当時のリオドセ社が行い、アルミ精錬は日本の官民が合同で出資し経営参加
するアルブラス社が担う。さらにインフラ整備として、アルミニウムの生産に
必要な大量の電力を供給するツクルイダムや送電線を建設し、原料や製品の輸
送港の整備、従業員の住宅地と都市整備なども行う、大がかりなものである。
　アマゾンアルミ・プロジェクトによる生産能力は世界屈指の規模（年間約
670万トン）となり、生産されたアルミ地金の49％（年間約22万トン）を日本
が引き取っている。これは、日本の地金輸入量の約10％にあたる。

（2）鉱物資源開発にともなう環境問題

　鉱物資源は、産業革命以降の現代文明を支える最も基本的な資源である一方、
その掘削や精錬の過程では、植生のはぎ取り、有毒物質の排出による大気、水、

土壌の汚染、表土流出などのさまざまな環境破壊をともなう。日本の公害の原点といわれる足尾鉱毒事件は典型的な「鉱害」である。

　カラジャス開発は、プロジェクトの規模そのものによる環境影響と、そこから派生した問題によって、日本の政府開発援助（ODA）のあり方が批判された案件でもある。まずカラジャス鉱山が露天掘りのため森林をはぎ取りながら掘削が進められること、掘削時に大量の土砂を掘り起こして地形を改変すること、鉄鉱石を大西洋側まで運ぶカラジャス鉄道沿線の森林も広く伐採されたほか、鉱山周辺に進出したブラジルの中小製鉄所が近くの熱帯雨林から切り出した木を焼いて作った木炭を燃料にしたことなど、大規模な森林破壊を招いたからである。木炭を１トン作るのに２～３トンの木材が必要といい、１年に400万トンもの木炭が使われた時期もある。森林はみるみるうちに伐られ、カラジャス鉱山周辺から鉄道沿線の広大な面積の森林が消え、その後伐採跡は牧場やパルプ原料となるユーカリ植林地などに変わった。

　アマゾンアルミ・プロジェクトのアルミニウム製錬に使う電力供給のためのツクルイダムは、アマゾン川支流のトカンチス川上流に1984年に完成した。ダ

エコロジカル・リュックサック

　ある素材や製品１kgを得るために、鉱石、土砂、水、その他の自然資源を何kg動かしたかで表わす指標を「エコロジカル・リュックサック」という。製品やサービスを消費することは、自然界の物質をリュックサックに入れて背負っている、という考え方から名付けられた。露天掘りの場合は掘削時にズリと呼ばれる大量の廃棄土石が発生するが、これがリュックサック分である。しかし輸送や工程のすべてを含むと、背負う荷物ははるかに大きくなる。鉄鉱山から鉄にするまでには、掘り出した粗鉱を選鉱して鉄鉱石として輸出し、輸出先国で製鉄（高炉・転炉で焼く）し鉄鋼を製造する。一般的に、鉄１トンを取り出すために５倍強の5.35トンの廃棄物が出るとされる。カラジャス開発の場合は、110トンの鉄を生産するために、土砂を含め20万トンの採掘が必要という。鉱石のうちで廃棄物を多く出すのが銅と金で、ズリを除きそれぞれ１トンを取り出すのに1,898トン、1,360トンの廃棄物をともなう。（参考文献：谷口正次『資源採掘から環境問題を考える』）

ムの面積2,430km^{2}は東京23区が収まるほどの大きさで、熱帯雨林に覆われ、先住民が暮らしてきた土地でもある。ダム建設は日本の政府開発援助により日本企業が受注して、総額約9,000億円をかけたといわれ、現在の発電出力約400万kwのうち3分の2はアルミ精錬に使用され、残りは300km離れたベレン市に供給されている。

　このように、アマゾンでの鉱物資源の生産過程およびインフラ整備は、森林破壊をともなわずにはできない事業である。初めに述べたように、森林伐採はほとんどの場合、先住民の居住域そのもののはく奪ともなる。そのような開発に日本の公的資金が投与され日本企業の製品となり、私たちは社会のインフラや商品として恩恵にあずかっている。少なくとも、私たちはそういった「つながり」を知る必要があるだろう。

(3)「グローバル資源の開発最前線」と私たちの食卓

　ブラジル・アマゾンと日本とをつなぐもう一つ重要な資源がある。大豆、鶏肉、砂糖、コーヒーなどである。中でも大豆は、味噌、しょうゆ、豆腐、納豆など日本食の基礎となる大事な穀物であるが、食用大豆の8割弱を輸入に頼っている。そのうち約7割はアメリカに、2割前後にあたる52万トン（2016年）

ガリンペイロ

　「ガリンペイロ」という言葉を聞いたことがあるだろうか。ブラジル出身の写真家セバスチャン・サルガドの作品によって広く知られるようになったアマゾンの金鉱掘り人夫たちのことだ。1970年代にアマゾン地方で起こったゴールドラッシュ以降、奥地の露天掘り金採掘場に一攫千金をねらって泥の中から砂金を取り出す労働に従事する男たちがブラジル各地から押し寄せるようになった。奴隷労働にも似た過酷さと無法状態の中で、泥と金を分離する際に用いる水銀がアマゾン川支流域を汚染し、川魚を食べる習慣がある流域の先住民や土着住民に水銀中毒症状、いわゆる「アマゾンの水俣病」が発症していることがわかった。

　ガリンペイロの存在は、資源が枯渇すればそこを打ち捨て別の場所めざして渡り歩く、山師的で収奪的な原初のブラジル経済が今も生き残っていることの象徴と言えよう。

図Ⅲ-3　アマゾン、セラード、マピトバ各地方での大豆作付け面積増加の推移

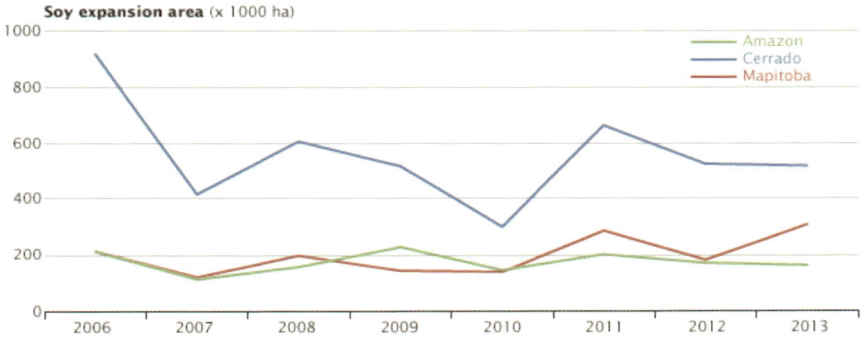

*2013年時点で上からセラード地域、マピトバ（マラニョン、ピアウイ、トカンティンス、バイーア各州合わせた地域）、アマゾン地域
出典：NASA Earth Observatory, Soybeans in the Brazilian Cerrado , 2015年2月27日

　をブラジルに依存する。1970年までブラジルからの大豆輸入はゼロで中国からの輸入が多くを占めていたが、今や中国はブラジル大豆の主要輸入国へと転換している。ブラジルは2012年にアメリカを抜き、全世界生産量の42％を占める世界一の大豆生産国にのし上がったのである。
　ブラジルを世界的な大豆輸出国に押し上げた要因は、ブラジル中西部に広がる「セラード」と呼ばれる半乾燥の灌木地帯で大規模栽培に成功したことである。セラードはアマゾンと境を接する南側に位置し、長らく農耕に向かない「不毛の地」とされてきた地域だが、1970年代以降、土壌改良や灌漑、品種改良などの農業技術開発によって一大穀倉地帯へと変貌した。その資金と技術協力を行ったのが日本で、日伯セラード開発事業（1979年〜）が大豆栽培の可能性を実証した。そしてブラジル政府が道路、鉄道、水路などの輸送インフラを整備したことで世界市場とつながったのである。セラード開発においても入植方式が採用され、初めは資本力のある南部の農業者を中心に、日系農家や日系農業組合も少なからず参加した。1990年代からは多国籍穀物メジャーが参入するようになり、開発面積は急拡大していった。
　セラードの大豆栽培基地化の問題は、開発最前線がどんどん北上していき、アマゾン南部に接続するセラード地帯とその周辺にまで到達したことだ。現在、ブラジル・アマゾンで最も森林伐採が激しいのがそのあたりであると指摘され

ており、大豆栽培のための伐採最前線がさらに北上して熱帯雨林までむしばみ、新たな森林破壊の原因になることが懸念されている。ブラジル政府は世界市場での競争力を高めるためにセラードやアマゾンでのアグリビジネスを育成し、大がかりな輸出インフラ整備を進めている。鉄道、道路、アマゾン川支流を利用した水運、そして水力発電ダムやガスパイプラインの建設などだ。ペルー経由で太平洋に抜けるルートを開通させ輸出先のアジアへの距離を一気に縮めようという構想もある。

　ブラジル・アマゾンは世界の穀倉地帯となりつつあり、私たちの食卓もますますアマゾンに近づいている。納豆、味噌汁、豆腐などを口にするとき、いやその前に買うときに、原料の大豆がどこから来たのか、もしやアマゾンの森林を伐採して栽培され海を渡ってきた一粒一粒なのではないか、と考えてみたい。缶ビールを手にするとき、缶のアルミニウムがアマゾンの森や水、先住民の暮らしと引き換えに得られたものかもしれない、ということも。「アマゾンの環境問題は、実は日本そしてわれわれ日本人に対する問いでもある」と、西澤利栄氏は著書『アマゾン─保全と開発』の中で述べている。

日本とブラジルの関係史と互いに顔の見える関係へ

　日本とブラジルの関係はまだ120年余だが、物語は深い。初めは1895年（明治28年）、政府間での日伯修好通商航海条約締結にさかのぼる。日本の開国後、ハワイ、メキシコ、ペルーへの移民の開始に続き、ブラジルに初めて日本人が移住したのが1908年、神戸発の笠戸丸による。国内の余剰人口を押し出したい日本政府と、奴隷解放後の農業労働力不足を補いたいブラジル政府の利害が一致して農業移民が始まった。第二次世界大戦前後の一時期を除いて1960年代後半までは、日本からブラジルへ人を送り出すという一方向的な関係だったといえる。

　ブラジルに渡った日本人移民は初め、当時から輸出作物だったコーヒー、綿花などの農園での労働に従事したが、その悲惨さを日系映画監督チズカ・ヤマザキが『ガイジン』という作品に描いている。そこから這い出した移民たちは森林を

開拓し「日本人入植地」をつくり、米、野菜、果物などの新たな農産物を栽培し商品化していった。アマゾンへも戦前から移住が始まり、ジュート麻、コショウなどの輸出作物栽培を成功させるなど、日系人はブラジルの農業の基礎の一部をつくった功績と勤勉さが高く評価されている。現在約190万人の海外最大の日系社会を形成している。

　日本とブラジルの関係性が変わったのは日本の高度経済成長以降だ。工業にかかわる貿易や投資などの経済関係が中心となり、日本からは投資や技術および企業の進出が、ブラジルからは資源や農産物が輸入される相互的な関係に発展した。この編で学んできたアマゾンの資源開発への日本の深いかかわりは、むしろ日本の産業需要から働きかけられていったものだが、それ以前にすでに南部では日伯合弁の製鉄所や造船所が操業を開始していた。興味深いのは、1974年の田中角栄首相の訪問時にアマゾン・アルミ、紙パルプ、セラード開発などの大型プロジェクトが一気に打ち出されたことだ。日本のブラジルへの投資がこの頃からアマゾンというフロンティアに向かったようである。

　こうしてみると、一世紀以上にわたってブラジルは日本のフロンティアの役目を果たしてきたといえよう。アマゾンとは、さらにその先にあるフロンティアだったのであろう。日本だけでなく欧米諸国にとっても、そうであったろうことは、アマゾン川の中流都市・マナウス近郊でアメリカのフォード社が一時期大規模ゴム農園を経営したことからも推測できる。

　一方、近年の人の流れからは別の展開も見えてきている。日本のバブル経済の人手不足を補うべくブラジルの日系人が大量に日本に「出稼ぎ」に来て定住も進む。サッカー選手もやって来てJリーグで活躍しているところを見ると、ブラジルからも日本にフロンティアを見出したのかもしれない。一世紀余りを経て、ようやく「顔の見える関係」になってきたといえそうだ。しかし、資源や食品原料を通してだけでは相手の顔や姿は見えにくい。一方で、インターネットや衛星を通じて、先住民や土地なし農民や普通の住民もいる、さまざまな顔や姿のアマゾンを知ることができるようになった。地球環境問題もその地域の問題を通して「顔の見える問題」になってきたのだ。

４．まとめ―自然と共に生きる少数者との共生を

　日本から見て地球のちょうど反対側に位置するブラジル、その中でもさらに遠いアマゾンに関する情報は日本では極端に少ない。森林破壊のことは聞いたことがあっても、多くの人はその直接的な原因や背景まで知る機会はほとんどない。この【海外編】では、距離的には遠いブラジル・アマゾンで起きている環境問題・社会問題が、実は「資源」とその開発を通じて日本の産業や食を支えており、私たちと深く関係していることを学んできた。

　ひと言で熱帯雨林の破壊といっても、その背景としての歴史や社会経済的な事情はその国によって、あるいは地域によって異なり複雑であることも理解できたのではないだろうか。そうだとすると、環境問題・社会問題に対しては単純に良いとか悪いと決めて、憤ったり諦めたりするだけではなく、その社会と事情に適した解決とはどのようなものなのかを探り、その地域と密接につながっている私たちの社会と自分がどのように問題に向き合い、自らの生活の中でどんな選択をしたらよいかを考え、伝え、議論することが重要である。

　そのときに「先住民の権利」あるいは小規模農民の暮らし方は、開発のあり方や産業・消費社会のあり方を再考する手がかりを与えてくれるはずだ。現在のグローバル化した経済社会は、大量の資源と生産、消費によって、たとえ目の前に見えなくとも地球上のどこかで少数者や社会的弱者を犠牲にして成り立っている。この問題については、第Ⅳ章で「環境正義」という考え方と社会運動について学び考えてほしい。

　地球上で私たちと一番遠いところで自然環境と「共生」して暮らしている人たち、もしかしたら私たちの便利で豊かな生活の犠牲になっているかもしれない人たちのことを知ること、何らかのネットワークを通じてつながること。アマゾンの森林や生物を守るということは、そうした人たちに共感して「共生」について彼らから学ぶことから始まるのかもしれない。この事例研究を通して考え続けていってほしい。

参考文献

〈書籍〉

アラン・ゲールブラン著・大貫良夫監修『アマゾン・瀕死の巨人』創元社、1992年

川田順三『ブラジルの記憶「悲しき熱帯」は今』NTT出版、1996年

キャサリン・コーフィールド、雨宮孝悦訳『熱帯雨林で私がみたこと』築地書館、1990年

佐藤常蔵『ブラジル全史』トッパンプレス印刷出版会社、1985年

セバスティアン・サルガード『人間の大地 労働—セバスティアン・サルガード写真集』岩波書店、1994年

谷口正次『資源採掘から環境問題を考える』海象社、2001年

西澤利栄・小池洋一『アマゾン—保全と開発』岩波新書、1992年

西澤利栄・小池洋一・本郷豊・山田祐彰『アマゾン—保全と開発』朝倉書店、2005年

日本ブラジル交流史編集委員会『日本ブラジル交流史—日伯関係100年の回顧と展望—』日本ブラジル中央協会発行、1995年

〈論文・報告〉

岸本憲明「Norsk Hydro社をパートナーに迎えて」日本ブラジル中央協会発行『ブラジル特報』2011年7月号

Meredith Hutchison, Sue Nichols, Marcelo Santos, Hazel Onsrud, Silvane Paiao; DEMARCATION AND REGISTRATION OF INDIGENOUS LANDS IN BRAZIL, May 2006, *TECHNICAL REPORT* NO. 238, Department of Geodesy and Geomatics Engineering University of New Brunswick.

浜口伸明「〈書評〉日本アマゾンアルミニウム株式会社編『アマゾンアルミ・プロジェクト30年の歩み』」2008年

福代孝良「ブラジル・アマゾンにおける森林減少の動向と今後の課題」(財) 地球・人間環境フォーラム発行『グローバルネット』2008年9月号（214号）

宝福則子「アマゾンの熱帯林破壊について」小樽商科大学『人文研究』第88号，1994年

保屋野初子「西アマゾンにおける森林伐採と追いつめられる先住民」『ラテンアメリカレポート』第13巻第4号、アジア経済研究所、1996年

〈公文書・統計資料〉

先住民族の権利に関する国際連合宣言前文（仮訳）国連総会 2007年9月13日採択

農林水産省、大豆関連データ集

矢谷通朗『ブラジル連邦共和国憲法：1988年』日本貿易振興機関（ジェトロ）アジア経済研究所，https://ir.ide.go.jp/

INPE：Instituto National De Pesquisas Espaciais　http://www.inpe.br/

〈記事、ウエブサイト〉

AFP「ブラジル裁判所、アマゾン川流域のダム建設中止命令を撤回」2013年11月4日
　http://www.afpbb.com/articles/-/3002636

環境省,フォレストパートナーシップ・プラットホーム,「世界の森林と保全方法—ブラジル連

邦共和国」　http://www.env.go.jp/nature/shinrin/fpp/

サンパウロ新聞「農地をめぐる紛争が増加　農民への暴力、追放も急増＝土地司牧委員会」
　2017年4月20日　http://saopauloshimbun.com/

JICA「宇宙から見守る熱帯雨林：ブラジル国別研修『リモートセンシング』」
　http://www.jica.go.jp/

時事ドットコムニュース「アマゾンのダム新設で『大規模な』環境破壊の恐れ」2017年6月15日
　http://www.jiji.com/

Sue Branford, Environmental license for São Luiz do Tapajós hydroelectric dam denied,
　Mongabay, 4 August 2016　https://news.mongabay.com

双日歴史館、「日商岩井ブラジル鉄鉱業界への貢献」　http://www.sojitz.com/history/jp/

特定非営利活動法人熱帯森林保護団体「森林破壊の歴史と乱開発」
　http://www.rainforestjp.com

NASA EARTH OBSERVATORY　http://earthobservatory.nasa.gov/

ナショナル・ジオグラフィック日本版　http://natgeo.nikkeibp.co.jp/

「先住民への影響、アマゾンのダム計画」2011年12月14日

「アマゾンの闘う先住民　カヤポ」2014年1月号

「アマゾンでダムの建設ラッシュ、今後も数百カ所に」2015年4月28日

「アマゾンの巨大ダムが7割の動物を絶滅させる恐れ」2015年7月10日

「撮影物語　アマゾン先住民、ダム建設で消える暮らし写真19点」2017年7月3日

日本アマゾンアルミニウム株式会社　http://www.amazon-aluminium.jp/project.html

【国内編】 日本の公共事業の現場で起きていること

ケーススタディ：長崎県の石木ダムと里山住民の反対運動

「里山（さとやま）」という言葉をよく耳にし、口にするようになって30〜40年が経つ。まだそれだけ？と思うかもしれない。里山という言葉や考え方は、その懐かしげな響きに反して比較的最近のものだ。里山の定義や中身はこのあと学ぶとして、20世紀終わり頃から今世紀にかけて里山が注目されるようになったのには背景がある。日本においては全国各地でさまざまな開発が進み、身近にあたり前にあった自然環境が壊され消滅していったこと、世界においては地球環境問題という人類の新たな共通課題が浮上したことなどがある。里山への注目は、21世紀の国際的キーワードとなった「持続可能性」「生物多様性」「社会的公正」などと深く関連している（第Ⅳ章を参照）。地域住民が利用してきた身近な自然を守ることが生物多様性を守り、ひいては地球環境の保全にも貢献する、という「SATOYAMAイニシアティブ」という考え方・手法を日本政府が提案し、国際的な生物多様性政策の一つとして採用されるに至った。実際、里山は日本の地域レベルで何百年も維持されてきたことから、人と自然との間の「持続可能性」あるいは「共生」のためのヒントが隠されているかもしれないのである。

一方で、日本の里山の現状は厳しい。高度経済成長以来続く、農林業人口の減少・高齢化・自然資源利用の減少といった内的要因によって、里山を維持する担い手が高齢化・減少し、そうした里山を狙うかのように公共事業（ダム、道路、橋、トンネル、新幹線、廃棄物処分場などの公共インフラ整備）や宅地開発が里山の解体に拍車をかけてきた。

【国内編】では、50年もの間、都市に近い里山でダム計画を推進し続ける行政と、先祖から受け継いだ里山暮らしを守り抜こうとする住民との攻防が続く、長崎県川棚町川原（こうばる）地区の「里山とダム計画」事例を取り上げる。自然環境と住民とが長い時間の中で共生的な関係を築き上げてきた里山と、すでに人口減少の始まった都市用水開発を目的とするダム事業の進め方を検討し、環境問題を人と自然の関係からだけでなく、人と人の社会的な共生という点からも考えたい。

1．里山とはどんなところか

(1) 里山の恵みあふれる「団結料理」

　海と山と島が入り組む長崎県の中央あたりに東彼杵(ひがしそのぎ)郡川棚町がある。穏やかな大浦湾の真北に位置し、海、山、川、小半島、温泉に恵まれた約37km²、人口約1万4,000人のこぢんまりとした町だ。町をほぼ南北に貫き大浦湾に注ぐ一級河川が川棚川で、その河口からわずか数km遡った地点で合流するのが二級河川の石木川。全長約19.4km、流域面積約81.4km²の中小河川だ。

　石木川沿いには田、畑、集落とそれらを包み込む低い山々があり、上流の山間部まで行くとどこまでも続くみごとな棚田景観「日向（ひなた）の棚田」が現れる。石木川流域は奥ゆきのある里山景観から成っている。下流域の扇状地には川原（こうばる）地区があり、四季折々に野の花が咲き、春先は田の周りを菜の花の黄色が彩り、5月下旬には川沿いにゲンジボタルが乱舞し、秋には黄金色の里となる。川原名物となった「ほたる祭り」はじめ住民手づくりのイベントが年中催され、よそからの訪問客が大勢訪れ、地区の主婦手作りのご馳走と笑い声があふれる。米はもちろん、さまざまな里の収穫物が美味しく供されるのだ。

　川棚町の中心街からわずか5kmほどにありながら、今日まで里山暮らしを維持する川原地区は、しかし、半世紀にわたりダム計画が人々の日常生活に組み込まれている。2017年3月12日に訪れたとき、テーブルいっぱいに並べられていたおにぎり、そうめん、天ぷら、煮物、サラダ、白和え、卵焼き、おはぎ、色とりどりの漬物、イノシシ肉料理……などはみな主婦たちが朝から総出で用意した料理の数々だった。会場を訪れる人たちに分け隔てなく出されるもてなし料理である。このご馳走は「団結料理」と呼ばれている。

　その日の催し名は、「第38回3.14団結大会」。ここに計画されている石木ダム建設に反対する住民と支援者が集まり、年に一度団結を確認する集会で、1980年から38年間毎年開催されている。会場となった小さな川原公民館は、地区住民と長崎市、佐世保市、熊本、福岡、京都、東京など全国各地から集まった100人ほどの参加者でいっぱいになった。

　川原地区には現在、13世帯、50数名の住民が暮らす。現役世代は街に通勤し、

写真Ⅲ-6　里山の恵みあふれるもてなし料理　　写真Ⅲ-7　テントでのランチ

筆者撮影（2017年）

　退職後の両親と暮らしながら子育てする、三世代同居の大家族が多い。現代にはまれな日本の家族形態、子どもたちが近所を走り回る光景もふつうに見られる。ふつうでないのは、集落のあちこちに数十年前から掲げられている「石木ダム絶対反対」の看板、朝から晩までダム事業者の動きを見張り工事阻止に心身をすりへらす住民の日課である。

　石木ダム計画は、この川原地区入り口にあたる、谷がやや狭まったところに、幅234m、高さ55.4mのコンクリート壁を建て川原地区全体を水に沈めてしまう長崎県の公共事業である。

(2)　再発見された身近な自然

　石木ダム問題の経緯を知る前に、里山とはどのようなところなのか知っておこう。「里山」という言葉からどんなイメージが浮かぶだろうか。懐かしいふるさと？　古き良き日本？　ただの田舎？　実は「里山」という言葉を私たちがよく耳にし、使うようになったのは、わりあい最近のことだ。1980年代頃から里山研究が始まり、当初は農業用資材を採る雑木林を意味していたが、しだいに里山を利用する人が住む集落や農地なども含めた地域一帯を指すようになった。里山の概念が拡がるとともに市民の間でも「里山」が自然保護の対象となっていき、1990年代以降に里山保全活動がさかんになった。2000年代になると、環境省は生物多様性保全の観点から「里地里山」保全を政策化する。「里地里山」を環境者は次のように定義している。

　「原生的な自然と都市との中間に位置し、集落とそれを取り巻く二次林、それらと混在する農地、ため池、草原などで構成される地域」。このような地域

は、「農林業などに伴うさまざまな人間の働きかけを通じて環境が形成・維持
されてきた」。

　生物多様性については、「絶滅危惧種のじつにほぼ5割は里地里山に生息す
る」という。高い生物多様性は、人が手を入れる・かかわることで結果として
生み出されたものであることがわかっている。このテキストでは、環境省が定
義する「里地里山」について、多くの人の馴染みやすさを考慮してたんに「里
山」と呼ぶことにする。

　里山は、かつて多くの日本人がそこに生まれ育ち、あたり前すぎて意識的に
捉えてこなかった風景であり、自らと一体化した自然環境としてあった。しか
し、そうした地域が経済社会の変化のもとで開発あるいは衰退・消滅する時代
を迎えて初めて研究対象となり、あるいは都市近郊市民に発見され改めて働き
かけの対象となったことで、「里山」として認知され定着していったものであ
る。名づけられ、対象化されることでその価値が見直されていったことになる
が、こうした里山の概念の拡がりは次のようにも解説される。

　「高度経済成長期に、燃料革命（薪炭からプロパンガスや石油への転換）お
よび農業革命（圃場整備と機械化、そして化学肥料の大量投入）によって放棄
され、開発のターゲットとされることによって急激に失われていった身近な森
林としての『里山』は、やがて自然保護の高揚を通して、『文化・複合系「里
山」』として捉え直され始めたと言えるだろう」（丸山・宮浦編『里山学のすす
め』より）

　つい数十年前の祖父母や父母の世代まで、日本の多くの人々は集落近くの森
林で広葉樹を伐って薪や炭にして炊事や風呂などの燃料に使い、広葉樹の新芽
や落ち葉を集めて田畑に入れて肥料にし、草を刈って家畜の餌や敷物にするな
どして暮らしており、里山は農業と生活のための資材を確保する「資源倉庫」
のような場所だった。森林と集落との間には、農業用水のため池や水路、田ん
ぼや畦があり、森林とセットになって、エネルギー・水・食料・資材のほぼす
べてを自給する生活圏があった。これが「里山」である。しかし、高度経済成
長期以降の農業近代化、都市拡張のもとで利用されなくなり、あるいは住宅地
などに改変されていったのであるが、そうして造成された都市近郊の新興住宅
地住民の間に、残った里山に多様な自然、景観、文化、守るべき価値を発見す
る人々が出現する。里山研究の成果とともに都市近郊住民による里山再発見が
里山保全・復興への原動力となり、一般の人々にも知られる存在となっていっ

たのである。

（3）里山の特徴と恩恵

　里山が再評価されるようになった理由の一つは、人がかかわることで生み出された生物多様性の高さにある。それまでの自然保護は、人間の手があまり入っていない原生的自然をその状態で「保存」するという考え方が基本だったが、里山の再発見によって人が利用してきた自然環境にも価値があり維持し「保全」すべき対象という考え方が重視されるようになった（第Ⅳ章を参照）。そこで、里山において人は自然に対してどう「かかわって」きたかを明らかにしようとする研究が進んでいる。

　里山の特徴には次のようなものがある。

・資源の循環的な利用

　地域によって異なるが、かつての里山における人と自然環境との関係は、関東地方の里山研究から模式的に示されている。住居や農地近くの雑木林や人工林から、食料・薬草、燃料・家屋材料、飼料・敷料、踏み込み材料、肥料材料といった、農業と家畜や人の生活に必要なさまざまな資源（資材）が採取・利用され、使い終えた廃物も農地に返すなどして再利用されている。人と自然との間で物質循環させるような利用であったことがわかる。

・共同体による維持・管理

　資源利用は各世帯の労働によることが基本だが、里山全体としては集落単位で維持・管理された。森林、ため池、水路、道路などは個人ではなく集落の共有財産であり、共同で管理し利用した。とくに森林は「入会地（いりあいち）」と呼ばれる共有林として、たとえば肥料にする木の芽、下草などを採る場合の期日や時間、場所、採り方など細かいルールが定められ、資源の採りすぎや不公平を防いだ。こうした共有地とその共同管理システムは「入会制度」と呼ばれる。水田に掛ける灌漑用水についても、掛ける時期や水量、順番、水不足のときの対処法などが非常に詳細に厳しく決められ、水路やため池、水の取り入れ口、堰、畔や土手など共用施設の設置や修繕などは利用者全員で行った。

　日本の集落ではこのように、土地や資源の維持管理を含めた秩序は基本的に集落単位の自治によって行われ保たれてきた。田植えや稲刈りなど農繁期の作業は、「結（ゆい）」と呼ばれる労働の貸し借りの互助制度があり、消防や水防の活動、災害復旧なども集落単位で協力して行った。また、文化や風習、信仰

などにかかわる催事や祭りも共同体で担われ共有されてきた。こうして集落単位のことは住民の寄合（会合）で合議によって決定され施行された。すなわち、里山の持続的利用と管理は、地縁による人と人との「共同性」によって支えられてきたのである。

　なぜこれほど「共同性」が強かったのだろう。北海道を除き日本列島の多くの地域では江戸時代中期までに人口、土地開発がともに飽和状態に達し、限られた土地と自然資源を最大限に活用しなければならず、そのためには周辺の自然環境に常に手を入れ、土地や資源の配分や効率的利用の必要が生じた。それに必要な重労働を支え合うことは必須だったと考えられる。その結果、必然的に共同体内での相互扶助、精神的つながり、それを維持し引き継いでいくための行事や儀礼が重んじられたのだろう。その地域の自然環境や条件とともに生きる暮らしが、その地域特有の文化を育み継承してきたといえる。

・SATOYAMAの国際的な評価

　日本発の里山は近年、SATOYAMAというキーワードで世界に"進出"した。2010年に愛知県で開催されたCOP10（生物多様性条約第10回締約国会議）において日本の環境省は「SATOYAMAイニシアティブ」を提唱し採択されたのだ。それは、「世界各地に存在する持続可能な自然資源の利用形態や社会システムを収集・分析し、地域の環境が持つポテンシャルに応じた自然資源の持続可能な管理・利用のための共通理念を構築し、世界各地の自然共生社会の実現に活かしていく取組」を指す。日本の里山の概念を抽出し普遍化したものだが、世界的に進む生物多様性の損失を食い止める一つの考え方・方法として、これまでのように保護地域を設定して原生的自然を守るだけでは不十分で、人の手が加わり利用してきた2次的自然地域において自然資源の持続可能な利用を行っていくことの重要性を世界に向けて提唱したのである。

　1992年にブラジルのリオ・デ・ジャネイロで開催された第1回地球サミットで人類共通のテーマとなった「持続可能な開発 sustainable development」、そのための行動を促すキャッチフレーズ「地球規模で考え、地域レベルで行動を！ Think globally, Act locally!」（第Ⅳ章を参照）。さらにグローバル化が世界の隅々にまで行きわたってしまった今、ローカルレベルから自然とのかかわり方を再考しグローバルにつなげるという意味で、SATOYAMAは世界的に注目されている。

・里山の生態系サービスによる都市への恩恵

図Ⅲ-4　里山のさまざまな恩恵

出典：農水省「農業・農村の多面的機能とは」
http://www.maff.go.jp/

　里山が健全に保たれていると都市への恩恵も大きくなる。ただ、その恩恵は見えにくい。都市住民の中には里山のようなところを田舎、不便、虫がいるなど、どちらかというと負のイメージで捉える人が多い。しかし、都市近郊の里山がきちんと手入れをされていることによって都市環境は目に見えないさまざまな恩恵を受け取っていることには気づいていない。たとえば森林には大気浄化（酸素を供給）、水を貯え・浄化（「緑のダム」）、温暖化防止（二酸化炭素を吸収、気温を調節）、土砂災害や水害を防止（これも「緑のダム」）、生き物に棲み処を提供、土壌を保全、人に休養の場を提供……など「森林の多面的機能」と呼ばれるさまざまな有用な働きがある。よく手入れされた農地にも同様の「水田の多面的機能」があり、農村は景観を守り、癒しをもたらし、伝統文化を伝える、といった役割も果たしている。
　人間にとって有用で多様なこうした自然の働きは「生態系サービス」と呼ばれている。国連は生態系サービスを「基盤サービス」「供給サービス」「調

整サービス」「文化的サービス」の四つに分類し、水、空気、食料、資源、減災・防災といった人間の生存基盤を支える要素から文化や精神的な要素に至るまでを、自然が人間にもたらす福利と捉えたうえで、その劣化を防ぎ機能を増進させることを推奨している。森林と農地・農村（漁村）で構成される里山には、これら4種類の生態系サービスがすべて備わり、それらのサービスは里山地域にとどまらず近くの都市にももたらされている。里山が健全であることでそのサービスも大きく、安全安心な都市環境は近くの里山の人々の営みによって支えられているのである。

２．石木ダム問題とは何か

（1）半世紀以上続く石木ダム計画と住民の生活

　日本の里山が衰退の一途を辿る中で、人口が激減したにもかかわらず里山の森、田んぼ、水路、畦道などを住民できちんと手入れし、強い共同性を保っている集落もある。冒頭で紹介した長崎県川棚町川原地区は、その一つだ。50年以上前からあるダム計画のために住民の多くは転出し、現在13世帯、子どもを含む50数人が残るこの地区を訪ねると、作付けされなくなった田んぼやダム反対の看板がいくつも目につく他は、米が作られ、畦草が刈られ、石木川の堤防の手入れも行われ、里山として健全な姿を保っていることに驚く。市街地から車で10分もかからないこの里山をすっぽり沈めるダムが造られようとしているとは信じられない平穏さだ。

　かつて川原地区には約30世帯あったが、現在は半分以下の世帯住民で里山（地域）全体を手入れしており、転出した住民の分も担わなくてはならず、残った住民の労働負担や催事の労力は大きい。ダムという公共事業によって里山の共同性が削り取られていった一方、残った住民同士の「共同性」は、ダムに対抗するという目的によってむしろ強まっているかのようだ。少なくなった担い手によって維持されている里山の景観、イベントのたびごとにふるまわれる里山の「団結料理」はその象徴である。

写真Ⅲ-8　現在の川原地区（左）とダム完成イメージ図（右）

イメージ図出典：長崎県ホームページ「石木ダム建設事業」
https://www.pref.nagasaki.jp/

そもそも街に近い便利な里山になぜダムが計画されたのか、50年以上もダム計画とともにある川原の人々の日々はどのようなものなのか。石木ダムの話が最初に持ち上がったのは1962年（昭和37年）、東京オリンピック開催より2年前のことだ。本来の目的は、川棚町と山を隔てた佐世保市の水道用水不足を補うために川原地区をダムに変えるというもので、事業者は今日に至るまで長崎県と佐世保市だ。「寝耳に水」であった住民と川棚町がこのときはともに県の現地調査に抗議して中止させたのだが、それは長い反対運動の始まりとなった。その後の事業者、住民それぞれの動きは、表Ⅲ-2に簡潔に整理した。ここから読み取れることは、行政の強硬姿勢と住民の阻止行動の繰り返し、住民からの数々の要請と、それに応ずることなく進む建設手続きの積み重ねであり、決して交わらない平行線が拒否され、近年になってようやく県が直接住民に説明しようとしたが拒否され、ごく最近の協議も決裂した。住民の県への不信感があまりに根深いのである。

2017年に住民側が提訴した石木ダム工事差し止め訴訟の傍らで、この瞬間も川原の県作業現場では工事を進める県に対して女性はじめ住民たちが体を張った阻止行動を行い、むしろ事態はエスカレートしている。今日の日本でこのような光景が日々繰り返されているとは信じがたいかもしれないが、実際に日本の公共事業現場で起きている現実である。なぜこのような事態に陥ったのか、考え、教訓としなくてはならないだろう。

表Ⅲ-2　石木ダム事業の主な経緯

年月	県・市の動き	住民・市民の動き
1962	長崎県がダム建設目的の現地調査を開始	川棚町と地元住民の抗議で中止
1972	県知事と川棚町長が「地元の了解なしにダム建設しない」との覚書を交わす	
1975	建設省、石木ダム計画を認定。県が事業着手	「石木ダム建設絶対反対同盟」結成
1977	県職員・町職員が地元の戸別訪問を開始	戸別訪問に対し「県職員面会拒否」の看板と張紙で対抗
1980	県が石木ダム建設駐在員事務所を町内に設置　職員による個別訪問や接待開始	反対同盟幹部の脱退、解散により「石木ダム建設絶対反対同盟」を再結成
1982~83	県、機動隊140人を伴い強制測量開始（82年）　ボーリング調査に機動隊投入（83年）	実力で測量を阻止。子どもも学校を休み参加（82年）　阻止行動で一部調査中止（83年）

1997	県が補償受け入れ住民と損失補償基準を締結	
2000〜04	補償受け入れ住民の代替宅地の分譲開始	反対同盟、建設省・大蔵省にダム計画撤回を陳情、佐世保市に水需要予測やり直しを要望
2005	国が川棚川水系河川整備基本方針策定	
2007	県が川棚川水系河川整備計画策定。総貯水量約2割減へとダム計画変更	
2008〜09	石木ダム環境影響評価書公告	川棚町、佐世保市の有志で「石木ダムを考える会」結成
2009	県・佐世保市、国交省九州地方整備局（九地整）に石木ダム事業認定を申請、1ヶ月後に受理	国交省九地整に事業認定しないよう要請
2010	県、付替道路工事着手 国交省の要請で「石木ダム建設事業の関係地方公共団体からなる検討の場」開催、石木ダム優位と結論 パブリックコメント（2011）	付け替え道路工事を阻止、県に中止を申し入れ 石木ダム反対5団体、「検討の場」に住民・有識者ら3名の参加を要望、容れられず
2011	長崎県公共事業評価監視委員会を開催、ダム事業継続答申 県、国交省に事業継続報告 県、川棚川漁協と漁業補償契約締結	国交省に補助凍結、事業認定申請を認めないよう要請 長崎市民有志による会発足 佐世保市で石木ダム反対の全国集会
2012	国の「今後の治水対策のあり方に関する有識者会議」、石木ダムの事業継続を認める	
2013	佐世保市、石木ダム建設事業に関し学識経験者から意見聴取し事業継続とする。国交省九地整、川棚町で事業認定手続きの公聴会開催後、事業認定。国の社会資本整備審議会で事業への懸念続出も事業認定を認める	「ダム検証のあり方を問う科学者の会」が佐世保市に水需要計画見直しの意見書。石木ダム反対諸団体、九地整に石木ダム事業認定取下申し入れなど。石木ダム建設反対全国集会が長崎市で開催。石木ダム対策弁護団結成
2014	用地収用のための測量開始 付け替え道路工事の再着手 県、住民に対する通行妨害禁止仮処分を長崎地裁へ申請 県の収用委員会の審理開始	反対同盟・支援者が測量を阻止 反対同盟・支援者が工事を阻止 住民23名中16名に通行妨害禁止処分決定（2015）
2015	県が4世帯の農地を強制収用 県、収用委員会に対し第2次以降の収用申請 石木ダム完成予定6年延期され、2022年度に	地権者ら、石木ダム事業認定取消訴訟を長崎地方裁判所に提訴
2017		石木ダム工事差止訴訟提訴

石木ダム問題ブックレット制作委員会『小さなダムの大きな闘い』、同『ホタルの里を押し潰すダムは要らない！』、長崎県ホームページ「石木ダム事業」、石木ダム建設絶対反対同盟・石木ダム建設絶対反対同盟を支援する会パンフレット等より作成

(2) ダムと水道との深い関係

　石木ダムの主目的は、佐世保市の水道用水の貯留にあることは現在も変わらない。さらに川棚川下流部での水害防止（治水）、年間を通して川の水量を安定させる流水の正常な維持という目的を加えた多目的ダム計画である。重力式コンクリートダムの堤防の高さは55.4m、幅234m、総貯水量548万m³（東京ドーム容積の約4.4倍）、うち実際に利用できる有効貯水量が518万m³と、完成すれば長崎県で2番目に大きなダムとなる。佐世保市の水道用水の貯水量が当初の計画から減ったことで2007年にダム容量が2割縮小したが、それでも全体の貯水量のうち水道用水の比率は6割余を占める。体感的には、東京ドーム4.4個分の水量で川原地区をすっぽり埋め尽くし、そのうちの約6割にあたる一日最大4万m³の水を佐世保市民の水道用水として供給する、というものだ。ダムだけの事業費は2017年度現在285億円、うち佐世保市の負担分は100億円だったが、完成年度が延びたため事業費全体がさらに膨らむことになる。佐世保市にはさらに、ダムから水を運ぶ導水管や浄水場の新設などが必要なため253億円が追加される。そうなると、石木ダム事業の総事業費は少なくとも538億円となり、うち佐世保市の負担分は353億円に達する。

　水没させられる川原地区住民だけでなく佐世保市にも石木ダムに疑問や反対する市民が存在する。佐世保市水道の一日最大取水量の実績は2000年前後に約10万m³でピークを迎えたあと減り続け、2016年以降は8,000m³弱となっているのに対して、ダムを前提とした計画では、水需要は2010年頃からV字回復に転じて2020年頃に11万7,000m³にまで増えるとしている。それをダム必要の根拠にしている。いったんダムを造ってしまえば水が不要であっても投資額分を水道料金で回収していかなくてはならず、市民は将来にわたって大きな負債を背負い続ける。すでに石木ダム事業費の一部が水道料金に上乗せされつつあり、さらなる人口減少が確実な市民にとって負担は増す一方だ。

　また、そのような計画のために川原住民のふるさとを強制的に奪うことは正しくない、と考える市民も多い。治水目的に対しても反対住民・専門家から反論が出ているが、ここでは省略する。

　根拠が非常に薄い佐世保市の水道計画を、事業者は当然としても、国や県、市などが設置する第三者機関である審議会が認めるのはなぜだろう、その手続きはどうなっているのか。佐世保市の経過で見ると、この計画を市議会が認

図Ⅲ-5　石木ダム計画地の川棚川流域と石木ダムの概要

■石木ダムの概要

河川延長 約 19.4km、流域面積約 81.4km^2 の二級河川・石木川に建設する多目的ダム

・貯水量 5,480,000m^3

・堤高 55.4m、堤長 234.0m

目的は、

・治水：ダム地点で計画高水流量のうち 220m^3/s をダムで調節し下流の洪水被害の軽減を図る

・利水：佐世保市の水道用水を日量 4 万m^3 新たにつくり出す

総事業費は 538 億円

完成予定年は、2016 年から 22 年度に延期

出典：長崎県ホームページ「石木ダム事業」
https://www.pref.nagasaki.jp/

め、代々の市長が引き継ぎ、水道施設整備事業を再評価する第三者委員会も2007年に追認した。市民や専門家から出されている疑問や代替案が反映されることはなかった。法律上、多額の投資をともなう水道事業計画に対して、直接の受益者であり負担者となる住民の意見を聴き反映される仕組みのないことが根本的な理由と考えられる。住民投票で賛否を問う選択肢は制度としてあるが、実施には住民投票条例を市町村議会が決議することが必要で、これまで各地で水道事業に関して市民が発議した住民投票条例案はすべて議会で否決されている。「なぜこのような計画がまかり通るのか」という疑問に対する一つの答えは、水道事業に関する民主主義的手続き、とくに受益・負担に関する直接民主主義的な手続きの欠如にあると考えられる。

(3) 川の公共事業の民主化という課題

　ダム建設や河川改修など川にかかわる公共事業の手続きのあり方は、さらに複雑で課題が大きい。水道事業と異なり、川の洪水対策である治水事業は基本的に国の仕事とされ、たとえ都道府県が管理する二級河川の計画であっても国の認可と補助金が必要となる。河川環境、地域経済社会への影響が大きく事業費が多額なダム事業ではとくに、環境への影響評価、地域および流域住民の意見反映・人権尊重といった公正な手続きが求められるのは世界共通となっている。日本では第二次世界大戦後の技術的発展と経済発展を背景に大規模ダム建設が急増し、現在までに約2,700基に達している。一方、ダム反対運動もそれにともなって起こされ続けている。当初の反対運動は水没地が村ぐるみで故郷を守るために闘っていたが、次第に環境保全や適正な財政支出などを求める市民運動へと広がり、河川計画策定手続きの民主化が社会的に大きなテーマとなり、1997年の河川法改正につながった。

　この改正は、1896年の河川法制定から100年後に初めて、河川管理目的に「環境」が加わった点で画期的な改正である。それまでの「治水」「利水」目的に新たに「河川環境の整備」が書き加えられるとともに、河川管理計画策定において具体的工事内容を書き込む2段階目の河川整備計画策定時に学識経験者、住民、関係市町村の意見を聴くという「参加」手続きが初めて盛り込まれたことも画期的である。それ以前の国または都道府県だけで作る「工事実施基本計画」と比べると、地域に対して「開かれた手続き」となった。川の公共事業の民主化という課題に応える制度改革といえる。（図Ⅲ-6を参照）

図Ⅲ-6 1997年の河川法改正前後の手続きの変化

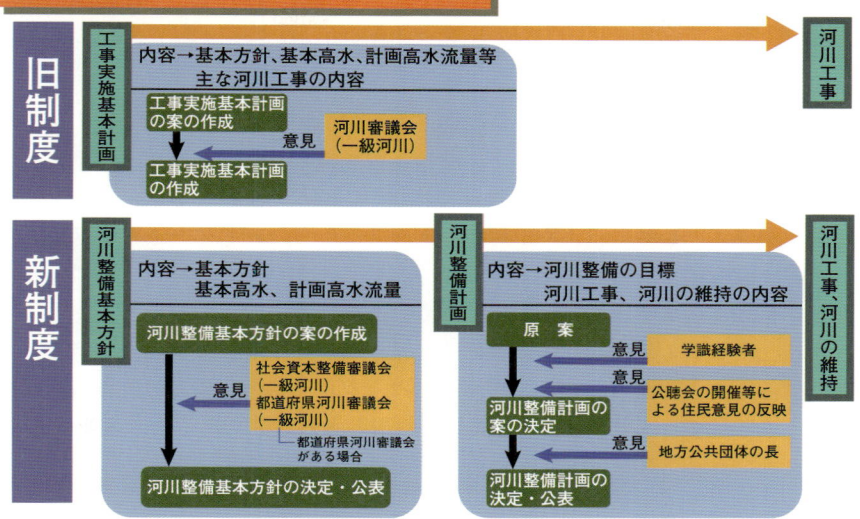

出典：国土交通省九州地方整備局大分河川国道事務所ホームページ「河川整備計画とは」
http://www.qsr.mlit.go.jp/oita/

　しかしその後も全国各地でダム計画をめぐる反対運動、事業者との対立は解消されていない。国が管理する一級河川109水系のうち103水系で河川整備計画策定が終了しているが、その中の70水系においてダムや関連施設建設、建設後の改善を求める運動が今も続いており、うち中止となったのは25事業にすぎない。川の公共事業の民主化という課題は、河川法改正から20年にしていまだ積み残されている。その中で石木ダム問題は、水没予定地住民の合意がなく、住民の犠牲のうえに進められており、ダム事業手続きの後退を印象づけている。

（4）住民合意形成がなかった公共事業

　石木ダムを含む川棚川全体の河川計画策定の過程を点検してみよう。現在の川棚川河川整備計画は、河川法改正から10年後の2007年に策定されたが、石木ダム構想が町に持ち込まれてから約40年後のことだ。それ以前は旧河川法のもとで長崎県が石木ダムの計画を作り、国（当時の建設大臣）の認可（1976年1

月）を得るだけで事業が進められてきた。立ち退きを迫られる住民の反対、つまり共同体としての合意が得られなかったため、県は戸別訪問など水面下での非公式なやり方で個々に説得工作を行った。住民が「切り崩し」と呼ぶ、住民同士の団結を分断するようなさまざまな手法は、河川法改正前はふつうに行われていた事業の進め方だ。

　石木ダム事業の特異な点は、最初の測量段階で長崎県が機動隊を投入するなど、説得や話し合いよりも力による強硬手段を採ったことだ。ダム事業において当初から警察力を用いて抑え込もうとした長崎県のような事業者は全国的にもまれである。地域に重大な影響を与え合意取り付けが必須となる公共事業としては、致命的な失策をごく初期段階で犯したことになる。そのことによる行政への信頼感の失墜は取り返しのつかないものとなった。

　河川法改正後の川棚川河川整備計画の策定においても、反対住民の意見は反映されなかったのだろうか。県のホームページによると、現在の整備計画は次のような手順で作られた。

1976年 1 月　　県の石木ダム全体計画（河川法第79条）に対する建設大臣の認可
2005年11月　　県が川棚川水系河川整備基本方針策定
2007年 1 月　　県が川棚川水系河川整備計画検討委員会を設置
2007年 3 月　　川棚川水系河川整備計画策定（河川法第16条の 2 に基づく）
2007年 3 月　　石木ダム計画概要説明会
2007年 7 月　　石木ダム環境影響評価準備書説明会
2008年 2 月　　環境影響評価書の作成
2008年 7 月　　石木ダム事業計画説明会

　石木ダムに最も重大な利害関係にある川原地区住民は、以上の手続きにどのようにかかわったのだろうか。川棚川水系河川整備計画を議論する検討委員会には、川原住民は参加しておらず、石木ダムの目的や根拠に懐疑的な委員の問題提起は採用されないまま、県が作った整備計画原案が認められた。関係住民は、新しい河川整備計画策定手続きにおいても顧みられなかったことになる。国がこの事業計画を認定した後、事業そのものの見直しの機会が 3 回設けられている。住民は、その最初となった県設置の「石木ダム建設事業の関係地方公共団体からなる検討の場」に有識者など 3 人の参加を要望したが受け容れられなかった。佐世保市による学識経験者からの意見聴取、長崎県公共事業評価監

視委員会、国レベルでの「今後の治水対策のあり方に関する有識者会議」のいずれにおいても住民の意見は反映されず、霞ヶ関で行われた国の有識者会議にいたっては上京した住民を国交省職員が排除するありさまであった。「有識者」や「専門家」と言われる人たちの良心や責任も問題視されている。

　このように石木ダム事業のケースで河川整備計画策定から一連の事業見直し手続きは「有識者」を中心に形式的には実施されたものの、最も損害を受ける当事者住民との合意形成は図られなかったのである。

　石木ダム問題は、河川法改正後に河川管理計画策定手続きの公開、見直し手続き制度の設置はなされたものの、最も合意形成を必要とする紛争ケースにおいて制度改革が機能しないことを証明してしまった。機能しない主な理由の一つは、改正河川法において地域の意見を聴く手続きが「必要があれば」とされ、また、それがどのような住民にどのように聴くべきかなど明確に条件づけられていないことにある。法が関係住民とくに当事者住民の手続きへの参加権利を保証していないことによる法の機能不全が、施行後20年で明らかとなった。石木ダム事業はその欠陥を突くかのように事業者が恣意的に運用している例ともいえ、ダム事業における合意形成のあり方をあらためて問うている。

淀川水系流域委員会から〝御用学者〟委員会へ？

　1997年の河川法改正後、国または都道府県は管理する河川で、改正された法律にのっとった河川計画を改めて策定することになった。そこで改正前後に、学識経験者や地域住民の意見を聴き河川整備計画に反映させる趣旨で、流域委員会あるいは流域懇談会、流域協議会といった名称の協議の場が多く設置された。国管理の一級河川だけで100前後の流域委員会が設置され、都道府県管理の河川も含めるとさらに多くなる。

　その中で、河川法の趣旨を忠実に反映させようと質量ともに群を抜いて充実した運営を行ったのが、2001年2月に国交省近畿地方整備局が設置した淀川水系流域委員会である。委員選びなどの流域委員会を設計する準備段階から議論を行い、関西在住の多分野の専門家、流域住民も交えて「学識経験者」として対等な立場で委員会に参加、本委員会だけで80回以上の会合を行い、淀川水系の河川計画について膨大な議論を重ねた。運営の原則は、「徹底した情報公開

と住民参加」にあった。

　淀川水系流域委員会の運営の特徴は、まずは流域委員会が河川整備計画に関する提言を行い、それを受けて河川管理者が河川整備計画の基礎原案を示し、さらにその後も流域委員会と河川管理者との間でキャッチボールを重ねて段階的に計画原案を作るという、早い段階からの協働による作業が行われたことにある。公共事業の計画策定過程をこのように開いた例は、後にも先にもこの淀川水系流域委員会をおいてはないだろう。

　その結果、委員会は2003年1月に5つのダム計画について「原則建設しない」提言を含む答申を提出した。しかし2年後に、当初の地方整備局長・宮本博司さんが異動させられてから国と委員会との対立は激しくなっていき、国から着任した新しい局長は2008年6月に流域委員会の提案を無視した整備計画を発表、翌年に流域委員会は休止となった。河川法改正の趣旨を現実のものにしようと徹底的な議論を積み重ねた流域委員会がこのような形で中断されたことは、国（中央官庁）はそこまでの「河川整備の環境」や「住民参加」を望んでいなかった、ということを示したことになる。

　全国の一級河川に設置された流域委員会を調査し分析した研究によると、2006年以降に設置された流域委員会は、委員の7割を研究者が占めるような「研究者優位型」委員会が主流となり、それまでの、流域のさまざまな関係者が半分ほどを占めていた型とは異なるものへと変質した。2007年に設置された川棚川水系河川整備計画検討委員会もこの時期にあたる。委員の大半を「研究者」枠にし、いわゆる〝御用学者〟で多数派を構成できれば、事業者にとって不都合な淀川のような経過や混乱を避けられるということなのだろうか。

　川の公共事業の民主化の後退は、具体的にこうした形で起こっているのかもしれない。あなたの流域の河川管理計画の作られ方はどうだろうか。インターネットなどで調べ、自分たちの川の民主化度をチェックしてみてはどうだろう。

3. 里山の倫理と環境正義からみた石木ダム問題

(1) 里山の「三つの環境」と「共生」

里山には人が生きるに必要な基本財がほぼすべてそろっていた、あるいは今でも潜在している。人と人が生きていくための生活世界の環境には、三つの環境—「自然的環境」「社会的環境」「精神的環境」—があると解釈できる（第Ⅳ章を参照）。モデル的には、里山の人々はこれら「三つの環境」に囲まれ、それぞれの環境が「かかわりあう」中で生きてきたといえる。むしろ、人々の暮らしそのものが「三つの環境」が混然一体となったものだったであろう（図Ⅲ-7を参照）。

里山の「三つの環境」をそれぞれ見てみよう。自然的環境は人が定期・不定期に適度に手を入れる（「撹乱」という）ことで高い生物多様性が維持され、〈人と自然との共生〉が成立していたと考えられる。その自然的環境を維持するための労働はムラあるいは集落などの地縁組織による共同作業によって担われていたことから、〈人と人との共生〉が必要であった。そして、自然と人、

図Ⅲ-7 里山の「三つの環境」モデル

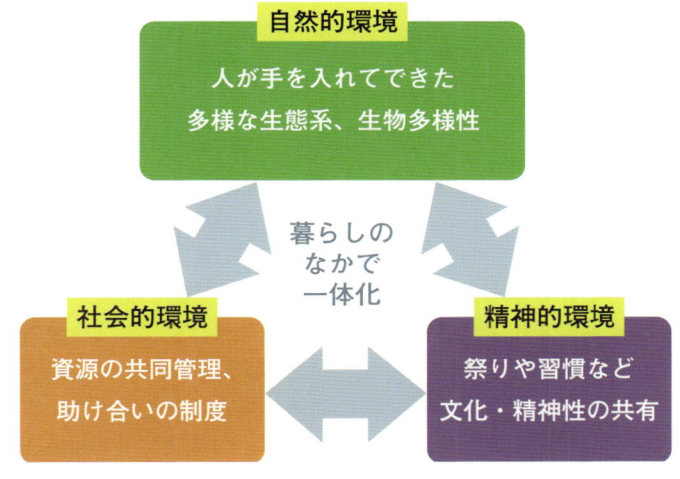

筆者作成

人と人とが共に生きる暮らしからは、共同体の信仰や祭り、遊び、習慣、技能、絆、アイデンティティなど有形無形の精神文化が共有され、〈精神的な共生〉も成り立っていたと見ることができる。

　ただ、このようなモデル的な見方は里山をユートピアと崇めているわけではなく、歴史を通じてみると、閉じた経済圏ゆえに地域によっては資源枯渇や飢饉に陥ることがたびたびあり、江戸時代後期から明治時代初頭には人口増加や入会制度の弛みによって資源が採りつくされはげ山が出現した事実もあったことも認識したうえで、である。また、強い共同性ゆえの人間関係の固定化や息苦しさがあったことも容易に想像できる。それにもかかわらず、つい数十年前の私たちの祖父母や父母の代まで数百年にわたり各地で里山のしくみが受け継がれてきたのは、生物資源に依存する農林漁業社会を生き抜き持続させるための仕組みと文化・精神性が必須だったためと考えられる。

　さらに、日本列島の自然災害の多様さ・頻繁さという事情である。昔も現在も日本列島では、一世代が何種類かの自然災害に複数回遭遇する確率が高い。災害多き自然に対峙するには、大勢の協力なくしては防災、緊急対応、復旧などを担うことは困難だ。自然からもたらされるリスクを小さく、打撃を最小限にとどめるためにも、集合的な暮らし方が必須だったのではないか。

　このように里山の「三つの環境」にともなう「三つの共生」は、里山の環境倫理ともいうべきもので、これは持続可能な社会をめざす世界的課題に対して日本が発信し貢献できる貴重な資産ではないだろうか。

(2)　ダム事業が壊す里山の「かかわりあい」

　「三つの環境」からみたとき、ダム計画や原発立地など大規模、かつその地域にとっての迷惑施設がもたらす問題とは何か。里山の「三つの環境」を手がかりに考えてみよう。そこにある自然的環境を大改変することによる自然環境破壊はいうにおよばず、「かかわりあい」によって成立していた共同体が崩壊させられることを意味する。その被害はときに、居住者の財産の喪失や生物多様性の消失以上に人々に心身への打撃、一生あるいは世代をまたぐ禍根を残すことは、戦後多くのダム水没地域で起きた悲劇が証明している。補償金では償えない損失・喪失は避けられず、それは補償対象となっていない。

　石木ダムで移転を迫られた川原地区とその周辺の地区についても上のような過程を経てきた。かつては石木川上流の木場（こば）地区には約50世帯、川原

地区に約30世帯、その東隣りの岩屋地区に約30世帯が住み、100戸以上がまとまりをもつ地域であった。そこでは、世帯同士、地区同士の間で、田畑や農業用水の管理や入会地の森林の利用や手入れ他の共同作業、祭りの遂行、近所づきあいなど、典型的な里山のかかわりあいがあった。

　1962年にダム計画がこの地域に持ち込まれて以降は、ダムをめぐって条件賛成、絶対反対、その間で揺れる住民など、同じ地域内で立場の違いや意見の違いによる対立や複雑な人間関係のきしみなどが生じ、地域としてのまとまりが破壊されていった。家族崩壊も多いという。全世帯が補償を受け入れて転居した旧岩屋地区は現在、信仰対象の岩屋堂が残る他は集落の痕跡をかすかに残して山に戻りつつある。

　今も「絶対反対」を主張して川原地区に残る13世帯の住民の中には、「私たち、全然気づかなかった。ある日突然、家を壊して（補償金を受け取るために現家屋の解体が条件づけられている）出て行ってしまった」と話す人もいる。先祖代々、同じ地区で暮らし、ダム計画に対してともに行動してきた共同体の構成員同士が分断され、転出した住民と残った住民に抜きがたい不信と傷を残している。残った住民たちは、里山の管理を少人数で担い、そのうえにダムへの抵抗活動を続けなければならなくなっている。

　私たちの税金で行われる公共事業が、「公共の利益」の根拠および手続きが公正に検証されないまま進められていることの、個人および社会の損失ははかりしれない。ダム公共事業はことに、その地域の自然・人・精神の「かかわりあい」全体を強制的に奪う性格をもつという意味で、倫理的、人権上の問題をはらんでいるのである。

(3) 環境正義からみる石木ダム

　石木ダム事業の問題について、里山の価値、河川計画策定手続きの二つの面から詳しく見て学んできた。現在の世界および日本で、「公共の利益」という名目だけで里山の破壊を強行することに対して、あなたはどう考えるだろうか、あるいは考えはどう変わっただろうか。また、公共事業の手続きのあり方については、環境正義（第Ⅳ章を参照）という観点からも検討すべきことがある。

　これまでの石木ダム事業の経過にみるように、この事業の一連の手続きに、関係住民の中でも移転を強要され損害をこうむる住民との合意形成手続きが存在していないこと、また、水道の受益予定者かつ料金負担者である佐世保市民

が参加して「公共の利益」を検討する過程も皆無だったことは、環境正義における「手続き的正義」を欠いているとみなすことができるのではないか。

　環境正義は、環境に影響を与える開発行為や破壊行為を、その環境を「奪われる側」が開発の正義を問う運動である（アメリカでの運動発祥については第Ⅳ章を参照）。そこでは、環境的なリスク配分が不公平・不平等に行われているのは不正義だという「分配的不正義」、環境政策の決定過程に地域住民の参加機会が奪われている状態は不正義だという「手続き的不正義」が主張され、正義の要求から、環境正義が行政手続きに盛り込まれるようになってきている。河川法改正も、流域住民のための手続き的正義が追求されたと解釈することも可能だ。

　石木ダム事業に関するもう一つ重大な論点は、国が認定した公共事業に認められる「強制収用」という措置に関するものだ。強制収用とは、公共事業に必要な土地や財産に対して事業者が、個人の所有権や使用権を強制的に取得することである。土地収用法は、土地・財産の権利をもつ者が「収用」に同意しない場合に、国か都道府県知事の事業認定を受けて実行できる手続きで、説明会などで事業内容を利害関係者に説明したうえで、相応の補償をすることを定めている。強制収用は、憲法29条が私有財産権を保証する一方で、「公共の利益」のために行政（権力）は正当な補償をしたうえで財産権の取り上げや制限ができる権限を有する、という考え方を根拠にしている。しかし、権力といえども憲法で保障された国民の財産権を奪うにあたっては、「公共の利益」によほどの根拠がなければならない。

　石木ダム事業では、国交省が事業認定をし、長崎県が収用委員会を設置し、川原に残る13世帯の所有農地・宅地などを１区画ずつ収用する手続きが始まり、すでに収用された土地もある。関係する住民は事前説明会に当初は出席して意見を述べたが、「まったく反映されない」と反発し出席を拒むようになった。と同時に、「この事業には公共の利益がない」と主張して国交省の事業認定そのものを住民が原告となって行政訴訟に訴えている。

　ここで問題にされている「公共の利益」とは、誰がどのように判断しているのだろうか。実際には、法律に従い国交省が事業を正式に公共事業として認定する際に判断する。しかし国交省は、石木ダム事業に補助金を出し続けてきた国の管轄官庁で、国交省からの出向官僚がほぼ全都道府県の土木関係部局の部長職に就いている現状からして、ダム事業の利害関係者とみなせる。利害関係者自身が自らがかかわる事業の「公共の利益」を判断し、その結果が強制収用

の根拠となることは、手続き的正義上の問題といえよう。そのため2001年に土地収用法が改正され、収用手続きの際に事前説明会や公聴会を開催し、事業の認定理由を公表することが初めて義務付けられた。石木ダム事業の経過には、この改正が機能しているといえるだろうか。

　川原住民たちの徹底した反対運動は、環境と人権を奪われる当事者による分配的正義と手続き的正義を求める異議申し立て運動だと見えてこないだろうか。形式的にいくら法律的手続きを遵守したとしても、手続きそのものに不公平や不公正があるならば、それは「環境的に不正義」な事業だといえよう。そのような制度がつくられ運用されている根底に、どのような考えや構造があるのだろう。私たち自身が気づかないまま、他者とくに少数者や社会的弱者、被害者への「差別」「不正義」「分け隔て」などの意識を潜ませ、少数者を犠牲にすることを正当化してはいないだろうか。

図Ⅲ-8　石木ダム問題を憲法議論から報じた新聞記事

出典：長崎新聞「石木ダム建設事業『古里で平穏に暮らしたい』」（2017年3月12日）

4．まとめ―「共生」のためにできること

　現実に日々動いている石木ダム問題をケーススタディし、里山の概念や価値、公共事業の手続きのあり方に関する議論を通して学び、考えてきた。この事例を知ることで、環境問題と人権問題は切っても切り離せない関係にあること、公共事業という開発事業は倫理や正義という、社会にとって、私たち自身にとって根源的な問いをともなうものであることを理解できただろうか。

　「共生」という観点から見るならば、〈人と自然との共生〉〈人と人との共生〉〈精神的な共生〉という三つの共生を保ってきた里山をまるごと破壊する事業は、地球レベル、地域レベルで「共生」をめざす21世紀の世界において、ほんとうに「公共の利益」となるのかどうか、利害関係者はもちろんのこと、多くの市民の眼と議論を通して広く検証されなくてはならないだろう。20世紀型の民主主義のしくみが形骸化したり、為政者に悪用される危険性が増している現在、「三つの共生」を暮らしの中で実践し守り抜こうとしている里山の人々に謙虚に学び、共感し、〈人と人との共生〉のために私たち一人ひとりに何ができるのかディスカッションし、実践したい。

参考文献

石木ダム建設絶対反対同盟「石木ダム問題パンフレット」 http://suigenren.jp/wpcontent/
　uploads/2013/04/3dcac0e330fa7818e287995c16960d82.pdf
石木ダム問題ブックレット編集委員会『小さなダムの大きな闘い』花伝社、2014年
石木ダム問題ブックレット制作委員会『ホタルの里を押し潰すダムは要らない！』花伝社、2015年
犬井正「関東平野の平地林の歴史と利用」、『森林科学』18巻、1996年
大野智彦「流域委員会の制度的特徴─クラスター分析による類型化─」水利科学、No.328、2012年
環境省『新・生物多様性国家戦略パンフレット「いのちは創れない」』、2002年
環境省『里地里山パンフレット─古くて新しいいちばん近くにある自然』、2004年
環境省自然環境「里地里山の保全・活動」
　http://www.env.go.jp/nature/satoyama/initiative.html
国土交通省九州地方整備局大分河川国道事務所ホームページ「河川整備計画とは」
　http://www.qsr.mlit.go.jp/oita/
国土交通省水管理・国土保全局「一級水系の河川整備基本方針策定状況（平成28年7月14日
　現在）http://www.mlit.go.jp/river/kasen/index.html
水源連ホームページ「ダムマップと最新状況」 http://suigenren.jp/
武内和彦・鷲谷いづみ・恒川篤史編『里山の環境学』東京大学出版、2001年
長崎県ホームページ「石木ダム建設事業」
　https://www.pref.nagasaki.jp/bunrui/machidukuri/kasen-sabo/ishiki/
長崎新聞「石木ダム計画を問う」（1）〜（6）　2009年11月1日〜2009年12月6日
農水省「農業・農村の多面的機能とは」
　http://www.maff.go.jp/
丸山徳次・宮裏富保編『里山学のすすめ〈文化としての自然〉再生にむけて』昭和堂、2007年
保屋野初子『流域管理の環境社会学─下諏訪ダム計画と住民合意形成』岩波書店、2014年

第Ⅳ章

持続可能な循環共生社会の構築
と
価値観の転換

鬼 頭 秀 一

はじめに

　2014年7月、中央環境審議会は、「低炭素・資源循環・自然共生政策の統合的アプローチによる社会の構築〜環境・生命文明社会の創造〜」という意見具申の文書をまとめて発表した。「これまで、低炭素、資源循環、自然共生の各分野の政策は、得てして個別分野の抱える課題の解決のみを念頭において実施してきた。」として、「今後は、『環境・経済・社会』の更なる統合的向上を目指し、真に持続可能な「循環共生型社会」の実現に向けて、安全を確保するための政策（環境リスク管理など）を基盤としつつ、六つの基本戦略に即し、環境政策の統合・連携によるシナジーを通じて経済・社会的課題にも鋭く切り込む（低炭素、資源循環、自然共生政策の「統合的アプローチ」）」というのである。

　従来は、地球温暖化対策としての「低炭素社会」、資源、廃棄物関連で「循環型社会」、生物多様性保全を可能にした「自然共生社会」は、ばらばらに取り組まれることも多かった。しかし、持続可能な社会の構築のためには、この三つの側面からの環境の政策、ひいては、この三つの側面から捉えられる環境の問題は統合が不可欠である。地球温暖化対策として、その主要な原因とされる炭酸ガスのみにターゲットを絞り、地中に埋め込むような技術の開発などが行われたり、発電の際に炭酸ガスを排出しないという理由から原子力発電が推進され、炭酸ガス排出削減の目標などが決められてきた。しかし、資源や廃棄物のことを考えると、石油より先に枯渇すると言われているウラン資源に頼ることへの疑問や、原子力発電の発電時だけでなく、採鉱、核燃料製造から、使用済み核燃料の扱いや、高レベル、低レベルの放射性廃棄物の処分の見通しがまったく立たないまま、原子力発電を進めること自体、原理的に持続不可能であることがわかるし、炭酸ガスの地中埋設に関しては海洋生態系に対する影響はまだよくわかっていない。また、大量に出る木質廃棄物の処理のために大規模なバイオマス発電を行うことは、生物多様性保全と矛盾する可能性も否定できない。省エネルギーを実現することと廃棄物の発生を抑制することと、生物多様性の保全とは、それぞれ相矛盾することも多く、それぞれの単独の視点からの環境の捉え方は一面的になり、政策的にも整合が取れなくなる。

　そのような形で「環境」に関する見方や政策のあり方が整理されないまま、

「環境」とか「共生」という甘い言葉だけが一人歩きしている状態は好ましくない。そもそも、「環境」を保全して、持続可能な社会を構築することはどのように考えて行ったらいいのか、縦割りでバラバラな政策をどのように統合していくのかという大きな課題が存在していた。中央環境審議会のレベルでも、やっとこのような方向性が出てきたということはこれからの「環境」のあり方を考えて行く際に、意味が深いと思われる。

　この中央環境審議会の意見具申では、「環境・生命文明社会の創造」ということを謳っている。低炭素社会、循環型社会、自然共生社会を統合した、「持続可能な循環共生社会」のあり方を、「環境・生命文明社会」という、「環境と生命・暮らし」を第一義的に捉える文明論的な視点で、その視点からの新たな価値観への転換として捉えているのである。そして、「統合的アプローチ」の一つのあり方として、「都市と農山漁村の各域内において、地域ごとに異なる再生可能な資源（自然、物質、人材、資金など）が循環する自立・分散型の社会を形成しつつ、都市と農山漁村の特性に応じて適切に地域資源を補完し合う『地域循環共生圏』」を取り上げている。地球規模の持続可能な社会の構築に対して、ある意味ではもっともローカルな地域において、「地域循環共生圏」という、地域、ローカル、場所文化に基づき、それぞれの地域の特性に合わせた社会像を提起している。地球規模のグローバルな環境問題の解決のためにも、ローカルな地域循環共生圏こそが重要であるという、「グローカル」（glocal）なあり方を前提としている。

　世界に目を向けると、詳しくは後述するが、2015年9月にニューヨークで開催された国連持続可能な開発サミットで、「持続可能な開発のための2030アジェンダ」が採択された。そこで、17の目標と169のターゲットからなる「持続可能な開発目標（SDGs）」が掲げられた。（図Ⅳ-1参照）これは、私たちの生活をめぐるありとあらゆる側面に関する目標が掲げられている。このSDGsは、国連ミレニアム開発目標(MDGs)の後続の目標として掲げられ、先進国、途上国を問わずすべての国々を対象とし、社会のあらゆるセクターを包摂したものとして、開発途上国の社会的課題に限定されず、経済、社会、環境の三つの分野にわたり、相互に関連する様々な要素に関する取り組みとして捉えられている。17の目標が深く関連し、統合的に捉えなければならないものとして提示された。これにより、持続可能な社会の構築とそこで実現するべき目標が提示されたのである。

図Ⅳ-1

　本章では、このような新しい社会像、新しい価値観を可能にしていくために
はどのようにしていかなければならないのかを考えていきたい。

1. 人間は環境とどうかかわるべきなのか
——「環境倫理」という新たな課題

　「環境」ということが世界的に大きな課題として捉えられるようになったのは、1960年代であった。ヨーロッパでは、既に19世紀末には産業革命が先進的に進んだイギリスで水質汚染や大気汚染が大きな問題になっていたが、1960年代には、それが国境を越えて、例えば西ヨーロッパの大気汚染が「酸性雨」として北欧で森林破壊を引き起こすなど、国際的な越境汚染として大きな問題になっていった。また、アメリカでは、1962年にはレーチェル・カーソンが『沈黙の春（Silent Spring）』を出版し、DDTなどの農薬の生態系への影響について問題提起を行っていたが、さらに、ベトナム戦争の末期に、南ベトナム解放民族戦線（ベトコン）のゲリラ的攻撃に苦しめられていたアメリカ軍が1961年から大量の枯れ葉剤を散布して、ベトコンの隠れ場となる森林を枯死させ、その地域の農業基盤であった耕作地域を破壊しようとした。このことは、枯れ葉剤の中に含まれていたダイオキシンを原因とする大規模で深刻な出産異常などの健康被害をもたらしただけでなく、インドシナ半島における熱帯林の大規模な破壊行為として世界的な非難を受けていた。日本では水俣病に代表されるような「公害」が大きな問題になっていた。その被害は1950年代、あるいはそれ以前から続いていたが、加害企業の水質汚染などによる健康被害であることは1960年代の初めには既に認識されていた。庄司光と宮本憲一の共著による『恐るべき公害』（岩波新書）は1964年に刊行され警鐘を鳴らしていた。同年『沈黙の春』も日本語訳『生と死の妙薬』（新潮社）という表題で、出版されて日本でも注目を浴びた。内容的には異なる問題ではあったが、世界的に「環境問題」として注目され、国際的な課題として認識されていた。

　このような国際的な環境危機の影響で、人間の環境に対する倫理的な認識も大きく変化してきた。ケネス・ボールディングやバックミンスター・フラーが使った「宇宙船地球号」という認識が広く知られるようになった。また、有名なローマ・クラブのレポート『成長の限界』（ダイヤモンド社）が、原著も翻訳も同じ1972年に出版され、地球規模での倫理の必要性も言われていた。1971年には、V・R・ポッターは『バイオエシックス——未来への架け橋（Bioethics: Bridge to the Future）』で、人類が生き残るための科学を提唱し、

図Ⅳ-2　環境思想のおおまかな流れ

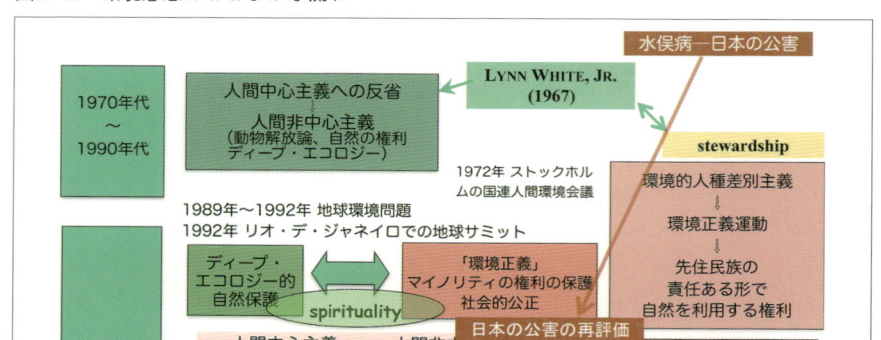

日本でもそれを受けて日本医師会会長の武見太郎が「生存科学」を提唱した。環境に対する哲学、倫理学的なアプローチとしては、後述するように、アメリカを中心に展開し、1979年には『環境倫理学（Environmental Ethics）』という環境倫理学の国際的な学術雑誌が創刊されるまでに至った。

　そのような状況の中で、「国連人間環境会議」が、1972年6月にスウェーデンのストックホルムで開催された。スウェーデンは、酸性雨、バルト海の汚染などの国境を越えた環境汚染に深く憂慮していたし、鳥や魚に対する重金属や農薬の蓄積などの国際的な課題に対しても関心を示していた。「地球規模の環境問題」という新たな枠組みがそこに出現した。

2. 自然保護から環境主義へ
——人間中心主義への反省と克服

　1970年代における、環境倫理思想の大きな転換は、一般に、自然保護（conservation）から環境主義（environmentalism）というように簡単に要約されている。その主要な思想的核心は、「人間中心主義」への反省とその克服ということである。「人間中心主義の克服」という課題を最初に提唱したのは、リン・ホワイト・ジュニアであった。

　リン・ホワイト・ジュニアは、1963年3月号の『サイエンス』誌に、「現在の生態学的危機の歴史的根源」という論文を発表し、一世を風靡した（リン・ホワイト・ジュニア『機械と神』みすず書房、所収）。彼は、現在問題になっている環境危機の歴史的根源はユダヤ＝キリスト教的世界観にあると書いた。「創世記」の記述は人間の自然に対する支配権を表していると解釈され、「人間の自然に対する超越、自然に対する正当な支配、というキリスト教のドグマ」があり、キリスト教は、有史以来、もっとも人間中心主義的な宗教だというのである。

　また、現在の私たちの行動や日常的な習慣を支配し、近代科学技術の根底を支えている、永遠的な進歩というものに対する暗黙の信仰もユダヤ・キリスト教的な目的論に根ざしている。近代科学はキリスト教と対立する部分もあったが、近代科学の人間中心主義的な考え方はキリスト教に根ざしている。マルクス主義などの考え方も人間中心主義ということでは同じ土台に立っている。古代では、すべてのものがそれ自身の守護神を持っており、木を伐り、山を掘り、小川を堰き止める前に、その場所を特に守っている神を宥めたままにしておくことが重要であったが、キリスト教は異教のアニミズムを破壊することで、自然物に対する諸感情に無関心なまま、自然を開発できるようになったのであった。世界中に存在している土着的信仰に基づくアニミズム的な考え方も、西洋近代主義に基づく近代化によって否定されていき、近代の理念を支える人間中心主義が世界的に支配することになった。それゆえ、「我々が新しい宗教を見出さない限り、あるいは我々の古い宗教を考え直さない限り、これ以上科学や技術が進んでも、それは我々を現在の環境危機から助け出さないであろう。」とリン・ホワイト・ジュニアは主張したのである。この論文は大きな衝撃を与

え、世界的に広範な形で議論が沸騰した。

　もっとも、これに対するある意味で正当な反論はキリスト教の側からなされている。例えば、ジョン・パスモアは、1974年に書いた『自然に対する人間の責任』（邦訳、岩波書店）の中で、かなりきめ細かに議論を繰り広げている。旧約聖書の解釈としては、人間は「羊飼い」として、支配下にある動植物の世話をするという解釈もあるとした。人間が、神の代理人として責任をもって世界の世話を任されている「スチュワード」であるとする考え方である。彼は、「保全（conservation）」と「保存（preservation）」の二つの概念を分けようとする。「保全」とは保護や節約を意味していて、〈……にそなえた節約〉を意味しており、最終的には人間の将来の消費のために天然資源を保護するということであり、「保存」の方は、〈……からの保護〉を意味して、生物の特定の種や原生自然を損傷や破壊から保護するということで、人間のためというよりも、むしろ人間の活動を規制してもそのようなものを保護しようという考えになる。この二つの考え方は、大まかに言えば、人間を、スチュワードとして、世界の世話をまかされた神の代理人として捉える思想と、自然を聖なるものとして考え、人間の生命と自然の生命の間の統一的環のつながりの存在を主張する二つの伝統に対応している。しかし、人間中心主義の脱却が環境倫理思想の大きな転換であるという立場からは、1970年代の思想的な転換は、人間中心主義な「保全」の概念から、人間非中心主義的な「保存」の概念へというように表現される。

　この「保全」と「保存」の二つの考え方が対立する歴史的場面として象徴的によく取り上げられるのが、ヘッチ・ヘッチィ渓谷の保護にまつわる問題であった。19世紀末から20世紀初頭にかけてサンフランシスコ市がヨセミテのヘッチ・ヘッチィ渓谷に、慢性的な水不足を解消するためと、水力発電所を建設するためにダムを建設することを計画して建設許可を求めていた。1908年にアメリカの連邦政府の内務長官がそれを受理して論争が始まった。その時に「保存」派として中心的に闘ったのはジョン・ミューアであった。ミューアは、大学を中退した後に、カナダ、メキシコ湾と放浪を続け、1868年にシエラネヴァダ山脈のヨセミテ渓谷に入って、その自然に魅せられてこの地域を自然保護地域にするべく運動を展開した。1890年にヨセミテ国立公園の設置として実っているが、その保護のために、現在でも有数な環境保護団体となっている「シエラ・クラブ」を創設していた。彼は以前求められて一緒にヨセミテを歩

いたセオドア・ルーズベルト大統領に手紙を送ったりして、原生自然に対して人の手を入れることに反対を唱えた。

それに対して、森林管理から自然保護に積極的に取り組んでいたピンチョは、逆の立場を取った。彼はフランスのナンシーに留学して森林管理学を学んで帰国して、1890年代から森林管理に携わり、1898年に農務省の森林局長に迎え入れられて、森林管理行政の中心となり、特に1901年からセオドア・ルーズベルトの下で公有地の天然資源管理の重要な役割を担った。彼の自然保護は、「森林〈管理〉」あるいは「資源〈管理〉」であって、基本的に「保全」であり、功利主義的な観点からのものであった。彼の自然保護の基準としての「最大多数の最長期間の最大幸福」という考え方はそれを象徴している。ピンチョはヘッチ・ヘッチィ渓谷のダム開発にも、適切な管理をしながら賢明な利用をしていくという「保全」の基本原則に則る形で、結局は建設を認める対応をとり、長年の論争の末に行われた下院の公聴会でもそのように証言した。そして、1913年には最終的に建設が認められることで決着している。「保存」派は、このような「保全」派との対立の中では敗北を喫した。

この「保存」派と「保全」派の対立は、その後にも、形を変えて繰り返し出現しており、現在でもなおかつ議論は絶えない。その意味でこの事例は古典的な事例である。そしてその両者の考えを支えた思想の背景に関しては、「保全」派の論理は功利主義的に基礎付けられ、生態学を基礎とした科学的管理を可能にしようという形で論理付けられていたのに対して、「保存」派の論理は、この時点では、ロマン主義的な感性を共有する部分に訴えかける以上の論理は希薄であった。

ジョン・ミューアの唱えた「保存」による自然保護の論理が明確に打ち出されたのが、1970年代の環境主義への転換であった。

3．人間非中心主義的な環境思想・環境倫理の展開

　その環境主義的な考え方への転換を大きく象徴付ける思想が明確な形で出現したのは、いずれも1972〜1973年であった。それは、動物解放論、自然物の当事者適格の概念、ディープ・エコロジーの三つの考え方である。

　オーストラリアの哲学者のピーター・シンガーは、1973年に『ニューヨーク・レヴュー・オヴ・ブックス』誌に掲載した書評の中で、初めて「動物の解放」を論じた。この論文の冒頭で、黒人解放運動や女性解放運動に触れながら、解放運動の道徳の地平の拡大の帰結として動物解放論を位置付けている。動物解放論のキーワードは、人種差別主義（racism）、性差別主義（sexism）に模した形の、種差別主義（speciesism）なのである。

　シンガーは、この論文において、人間の知性や能力に関しての個人間の差異を認めざるをえないところから、人間が平等であることの基本的原理を知性や能力の同等性にあるとする考え方を批判していく。そしてそれに対抗する考え方として、利益に対する平等な配慮というものを考える。ある行為の影響を受けるすべての関係者の利益（利害）を平等に考慮してそれを倫理的に考察するというわけである。彼の倫理学上の立場が選好功利主義と言われているように、その利益の総計が最大になるような行為が望ましいということになる。そして、平等に考慮されるべき利害を、ジェレミ・ベンサムに依る形で、知性や能力ではなく、苦痛を感じるという利害を基準にして行うことにより、結果的に、苦痛を感じる可能性がある動物も同等に扱う必要が生じ、それゆえ、論理の帰結として、人間が他の動物から特権的に扱われえないことを導いている。その観点から動物実験や食糧としての動物の利用に対して積極的に批判を展開しているわけである。

　シンガーの論文の前年に、法哲学者のクリストファー・ストーンは、ウォルト・ディズニー社の開発の訴訟に絡んで、「樹木の当事者適格──自然物の法的権利について」（邦訳『現代思想』1990年11月号）という論文を書き、自然物の当事者適格という法的に新しい概念を提起した。

　一般に、法の場面では、侵害される法律上の利益や法的権利がないと訴訟を起こすことができないという当事者適格の問題がある。それゆえ、特定の個人や団体が自然保護に関しての訴訟を起こそうと考えたときに、その個人や団体

が、その対象になっている、自然に対して、その土地の所有権があるとか、法的に定められた形で水源涵養などの生活上の利害が関係しているとか、そのような形の法的な権利がなければ訴訟を起こすことはできない。それゆえ、直接の利害関係がない場合は、何らかの形で法的な利害関係があることを立証して当事者適格があることを論証しなければならない。このような場面で、その対象となっている「自然」そのものに当事者適格を認めさせようというのがストーンの議論である。それゆえ、この問題は、特に開発か自然保護かに関連した裁判で重要になってくる。

　折しも、1960年代後半から、シエラネヴァダ山脈のミネラル・キング渓谷の開発をして、大スキー場などのリゾート施設を作るというウォルト・ディズニー社による開発計画に対して、シエラ・クラブによって反対運動が始められた。しかし、1970年にカリフォルニア州の高等裁判所は、シエラ・クラブが侵害される法律上の利益がないことを理由に、第一審では認められた法的な当事者適格がないとして、訴訟を門前払いした。そして、上告審の連邦最高裁で審理されていたのであった。ストーンは、この訴訟のことを知って、急いで上記の論文を仕上げて大学の紀要に投稿して、最高裁の弁論に間に合うように担当のダグラス判事に送付した。結果は僅差で上告棄却の判決が出たが、ダグラス判事は反対意見を書き、その冒頭でストーンの論文を引用して、この裁判は、シエラ・クラブ対モートン（当時の内務長官）ではなくて、ミネラル・キング対モートンと名付けられるべきだというように書いた。この反対意見は新聞等を通じて有名になって、ストーンの論文も画期的な論文として注目された。

　ストーンは、社会が進化するに従い、今まで法的権利を与えられなかった無生物まで権利を有すると認められるべく、法も社会に対応した形でその変化を表現してきたし、またそのように社会に対応した役割を法が持っていると考えていた。無生物である「法人」はその典型的なものであり、当初はそのような権利が認められなかったものまで認められるように変化していたのである。また、植物人間などのような法的な意味において無能なものに関しても同じである。ストーンは、そのような延長線上に、森や海、河などの自然環境の中にある自然物にも法的権利を与えられるのではないかというわけである。

　彼は、自然に当事者適格を認め、後見人方式という制度を適用することによって、ある特定の自然環境の破壊に対して、その自然環境やそれにかかわるさまざまなことに精通している個人や団体を後見人として立てることにより、

その自然環境との何らかの利害関係がなくても、その自然そのものの破壊に対して、その自然の名の下に裁判を起こすことができると主張した。

そして、最後にディープ・エコロジーである。アルネ・ネスは1973年に、今までのエコロジー思想が、シャロウ（浅い）であるとして、それに対立し、克服するものとして、「ディープ（深い）・エコロジー」という新しい概念を提起した。

彼は、生命体や人間を個々のバラバラなものとして考えるのではなく、相互に関連し、全体のフィールドに織り込まれた網の目の結び目として捉えるというように、原子論的でなく、関係論的な世界観によって捉えている。そして、そこにおいて、原則として生命圏の中での全生命体平等主義を主張した。すべての生命体は、生態系の中で、自己開花し相互に関連していく本質的な価値を持っており、そのための普遍的な権利を持っているのである。すべてのものが生態系の中で自己実現の平等な権利を持つべきだという形で、生命の多様性や文化の多様性を保証するというわけである。

このように、これら三つの思想は出現した背景も、その思想の意味する射程も異なるが、思想史家のロデリック・ナッシュは『自然の権利』（*The Rights of Nature: A History of Environmental Ethics*）という形でまとめあげた（原著は1989年刊行、翻訳は1993年にTBSブリタニカ、2011年にミネルヴァ書房から再版された）。ナッシュは、この本の中で、倫理の対象範囲が人間以外の存在まで拡大して行くあり方を「倫理の進化」として捉えたのである。また、生まれながらに持っている権利である自然権（natural rights）が、マグナカルタの時代から、特定の階級の人たちから人類全体にその対象を拡大していき、さらに「自然の権利」として人間以外の存在までそれを認める道筋を示した。

そして、同時期の1970年代に成立した環境倫理学では、「自然の価値」に関する議論が大きく展開していた。自然の価値を、人間が道具として使って初めて「価値」が出現するという人間中心的な観点からの「道具的価値」という概念を脱却し、人間が利用するかどうかということにかかわらず、自然そのものに内在して、あるいは、本質的なものとして、「価値」があるという考え方である。それを「内在的価値」あるいは「本質的価値」として提起されていた。人間の存在とは独立に、自然そのものの価値を根拠付けることができるという議論である。そのような、人間非中心主義的な観点からの価値論で、「内在的価値」「本質的価値」としてもっとも重要視されたのが、「美」や「ウィルダネ

図IV-3　倫理の進化　　　　　　　権利概念の拡大

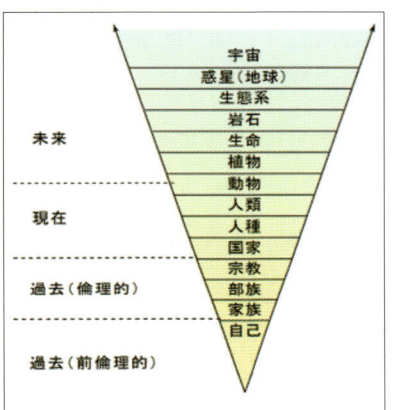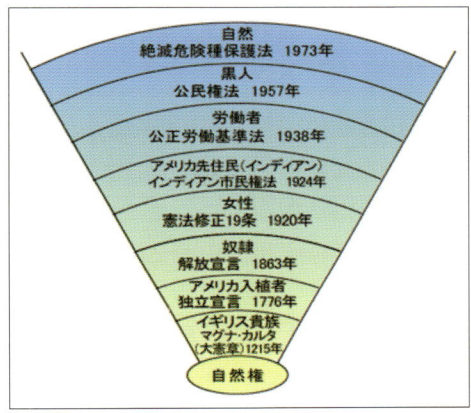

出典：ロデリック・ナッシュ『自然の権利―環境倫理の文明史』（ミネルヴァ書房、2011）

ス（wilderness）」という価値である。これによって、手つかずの自然である原生自然は環境思想の中で重要な意味を持ち、自然保護の思想的な根拠として位置付けられた。

4．地球環境問題の時代の到来と、環境倫理の大きな転換

　環境思想や環境倫理は、1970年代から80年代まではある意味では運動論として展開していた。制度化された環境倫理学はあったものの、それよりも、動物解放論、自然の権利訴訟、ディープ・エコロジーといった社会運動として展開して行った環境思想が中心を占めていた。しかし、この環境倫理の考え方が国際社会の表舞台に出る時代がやってきた。それが地球環境問題であった。

　1970年代までの環境問題が地球環境問題でなかったわけではない。1972年のストックホルムの国連環境会議も明らかに大気汚染に起因する酸性雨や国際河川や国際内湾、海洋の水質汚染など国境を越えた問題の出現に起因していた。また、熱帯林破壊の問題はその後も継続的に続いていた。フロンの成層圏汚染の問題という国際的な取り組みが必要な大きな問題が起こり、1985年のウィーン条約、1987年のモントリオール議定書などがあった。そして国際的な放射性物質汚染の拡大としては1986年にはチェルノブイリ原発事故があった。1988年にジェイムズ・ハンセンの有名な地球温暖化に関する論文が出て1989年にはアメリカの議会の公聴会でハンセンが証言していた。

　その1989年に国際的な大きな枠組みが展開し始める。それは、ソ連にゴルバチョフ政権ができ、急速に米ソの冷戦構造が緩和していったことと深い関係がある。1988年9月にソ連の外相のシュワルナゼ、12月のゴルバチョフの国連での演説で、地球環境の問題に言及し、今までの安全保障問題から、世界の各国が協力して取り組むべき課題として地球環境問題を挙げた。これを機に、イギリスのサッチャー首相、アメリカのブッシュ大統領、フランスのミッテラン大統領、ドイツのコール首相、日本の竹下首相など先進国の首脳がそのイニシアティブを取ろうと、多くの国際会議を主催した。1989年から始まった地球環境問題の時代にあって、これまでの価値観の転換、人間の自然に対する対応のあり方の哲学的な問題を議論するものとして、環境倫理学は期待され、広まることになった。まさにその1989年に、ロデリック・ナッシュは『自然の権利──環境倫理の歴史』を世に出したこともあり、ナッシュの倫理の進化、権利の拡張という図式が大きく広まり、アメリカなどアングロサクソン系の国で中心的に展開してきた環境倫理学は、一挙にグローバルスタンダードとして流

通していくことになった。

　このナッシュによる環境倫理の図式は、地球規模の環境問題に対して、人間が自然に対してどのように対応するかという時代的な要望に、まさに適合するものとして捉えられた。ナッシュは、倫理の対象を人間以外の存在まで拡げ、人間が生まれながらに持っている自然権というものを動物や植物などの自然物まで拡張することで、人間中心主義を克服し、人間非中心主義的な倫理を確立していくという図式の中で環境倫理を捉えた。この考え方は、地球環境問題の時代において、今までの人間中心主義的な考え方の価値観を転換するものとして象徴的に捉えられ、先進国において環境問題を解決しようとする人たちに大きく支持されていった。そして、多くの国際会議でもグローバルスタンダードの環境倫理の考え方として取り上げられていった。

　しかし、地球環境問題が先進国の枠組みから途上国も巻き込んで展開して行く中で、先進国主導の環境問題の理解とそのことによる解決に異議が提出されるようになった。ナッシュの整理した環境倫理の枠組みも疑念を持って受け取られることもあった。発展途上国における貧困の問題、環境問題における南北問題、環境問題における先住民族の問題など、人間非中心主義的な環境倫理学では基本的に対応できない問題が噴出してきたのである。人間非中心主義的な環境倫理学では、人間社会を一枚岩として捉えて、人間と自然との抽象的な対比的な関係の中で捉えているため、人間と自然との関係の中での人間社会の内部での問題、先進国と発展途上国の関係、都市と農村の関係、社会のマジョリティとマイノリティの関係、公害の被害者と加害者の関係等々、人間の社会的な側面、社会的差別の問題などを十分に捉えることはできなかった。そのため、貧困の問題や人口問題の本質を捉えることに失敗してきた。また、先住民族の問題も、その世界観が環境思想的な観点から高く評価され称揚されることも少なくなかったものの、先住民族の人たちの社会的差別は十分に取り上げられることなく、経済的豊かさから取り残され、伝統的な自然利用を通じた自然との関係も環境問題の隆盛とは裏腹に十分にできなくなっていた。

　そのような時代の中で、1992年にリオ・デ・ジャネイロで地球サミットが開催されることとなった。そして、その同じ1992年は、国際先住民年の最初の年でもあり、先住民族の文化だけでなく彼らの権利を守っていくことが環境問題の本質に大きくかかわっていることが認識されるようになってきたのである。そのため、少なくとも、リオ・デ・ジャネイロでの地球サミットが開催される

図Ⅳ-4

> **The Principles of Environmental Justice: Delegates to the First National People of Color Environmental Leadership Summit held on October 24-27, 1991, in Washington DC (17 principles of Environmental Justice)**
>
> - **Environmental Justice affirms the sacredness of** Mother Earth, ecological unity and the interdependence of all species, and the right to be free from ecological destruction.
> - **Environmental Justice demands that public policy be** based on mutual respect and justice for all peoples, free from any form of discrimination or bias.
> - **Environmental Justice mandates the right to ethical,** balanced and responsible uses of land and renewable resources in the interest of a sustainable planet for humans and other living things.
> - **Environmental Justice affirms the fundamental right** to political, economic, cultural and environmental self-determination of all peoples.
> - **Environmental Justice demands the right to** participate as equal partners at every level of decision-making, including needs assessment, planning, implementation, enforcement and evaluation.
> - **Environmental Justice requires that we, as** individuals, make personal and consumer choices to consume as little of Mother Earth's resources and to produce as little waste as possible; and make the conscious decision to challenge and reprioritize our lifestyles to insure the health of the natural world for present and future generations.

頃には、思想的には、先進国を中心として、ナッシュが整理した環境倫理の考え方はまだまだ中心的であり続けたし、日本では新鮮なものとして受け止められたものの、少なくとも、国際的に地球環境問題を解決していくための理念的な枠組みとしては、力を失っていった。

　環境問題を社会的、政治的な問題として捉えることがどうしても必要であった。その大きなメルクマールになったのは、リオのサミットの前年に提起された、17項目の「環境正義の原理（principle of environmental justice）」であった。これは、アメリカの、非白人系の環境問題に取り組む中心的な人たち（全米非白人環境運動指導者サミット）が中心になって策定したものであった。その中には下記のような項目が入っている。「母なる大地の神聖さ」「すべての生物種の生態的な統一性と独立性を確保することの権利」「持続可能な形で生きるために大地や再生可能な資源を責任ある形で利用する権利」「環境享受権」「すべての人々の相互の尊厳と正義に基づき、差別を廃した公共政策」「政治的、経済的、文化的、環境的な自己決定」「アセスメント、計画、実施における同等な参加」「未来世代に対する責任」

5.「環境正義」という枠組みと、共生概念の転換

　そもそも、「環境正義」という概念が出現した契機は、1980年代からの、アメリカのノース・カロライナ州のウォレン郡での大量のPCB廃棄問題であった。その事件をきっかけにして、アフリカ系の人たちやヒスパニックの人たちなど、非白人の人たちが多く居住している地域で、有害廃棄物の廃棄や、環境的なリスクが高い施設が導入されることに対して、環境的人種差別主義（environmental racism）として大きな批判がされるようになった。この環境的人種差別主義に対する反対運動は、マイノリティの人たちの環境を享受する権利を確保し、リスクの配分の社会的不正義を批判し、環境における社会的正義を実現するための環境正義運動（environmental justice movement）として一般化され、普遍化されていった。

　そして、この「環境正義」という概念は1990年代以後、アメリカ国内での環境運動の問題を越えて、グローバル化され、一般化されていった。もともと、リスク分配の不正義の問題が中心的な問題であったものが、自然資源の分配の不正義の問題まで拡がり、特に先住民族の自然資源の利用にかかわる問題も含まれるようになった。人間非中心主義的な環境倫理の枠組みでは、手つかずの自然である原生自然（wilderness）が過度に称揚され、そのため、地域社会における人間の自然資源の利用さえも否定的で、自然保護のために開発途上国に多く創設された欧米型のナショナル・パークや保護区、サンクチュアリでは、多くの地域でもともとそこに暮らしていた先住民族を排除し、また、狩猟や森林利用などの自然資源の利用に対して否定的な政策が取られてきた。そのことに対する見直しや権利回復などが主題になってきた。

　この1990年代に起こった思想的な大きな転換を、環境主義（environmentalism）のパラダイムから、環境正義（environmental justice）のパラダイムへの転換と捉えることもできる。

　かくして、環境にかかわる問題に関しては、人間と自然との関係性の問題に加えて、自然を前にしたときの人間の社会関係における問題について同時に考えなければならないことが問題化されていったのである。人間と自然との関係性ということでは、人間中心主義の反省の上に立った、それを逆転した人間非中心主義ということが主題化されるのに対して、自然を前にしたときの人間の

社会関係における社会的公正、つまり、環境正義ということが問題となる。環境にかかわる「共生」ということは、人間と自然との「共生」ということに加えて、環境にかかわる社会的、政治的な関係性の中での「共生」ということを考えていく必要が出てきた。

　そのような中で、生態学における生態系の捉え方が大きく変わってきたことも背景にあり、想定する自然のイメージも変化してきた。1980年代までは、有機体論的な自然が前提とされており、人間の手によって壊れやすい自然像が想定されていた。それに対して、生態系は、変動と不均一のシステムとしての自然として捉えられるようになった。外界のさまざまな攪乱により絶えず変動する自然ということが前提となり、人間はそのような変動する自然との関係性のあり方が問われ、人間のかかわりを排除した形での自然との関係ではなく、人間の継続的で安定的なかかわりという人間に由来する攪乱も含めて、両者の関係が変動する中での「共生」ということが重要になってきた。そのため、手つかずの自然に対して、人間を排除するような形で自然との「共生」を考えるのではなく、人間にとって親しみ深く、また深くかかわりあって，文化的な営みも継承されてきた里山あるいは里海的な自然の重要性とそれとのかかわり、「共生」ということが大きな課題となってきている。これは、さまざまな地域、民族、国における、自然との関係に基づくさまざまな文化の固有の価値を認めようということであり、文化的多様性に基づく生物多様性こそが、環境正義的に求められるということになった。このような転換が、まさに「リオ」（リオ・デ・ジャネイロでの地球サミット）を原点として出現し、環境分野の新しい「共生」概念として提起されてきているのである。

　「リオ」以後、「環境」の概念は、人間と自然を対立的に捉えて、人間中心主義か否かという枠組みから大きく変わってきた。自然に向かう人間の社会的な関係や精神的なあり方も含めて「環境」を全体的に捉え、自然的環境、精神的環境、社会的環境を統合的に捉えることが必要になってきており、今までの開発対保護などのさまざまな形で二項対立図式だった問題の捉え方を脱却し、より広域的で統合的な地平で捉え直していくことがますます必要になってきている。環境倫理学もそのような視点から、新しく組み替えられつつある。

　そのような中から、「共生」概念も、自然的環境にかかわる「環境持続性」だけでなく、そのこととしばしば矛盾することもある「社会的公正」をも同時に達成せねばならないものとして捉えなければならないし、精神的環境の領域

図Ⅳ-5「自然環境」「社会的環境」「精神的環境」の三つの環境の統合

として「精神文化的共生」ということも射程に入れなければ、上記の矛盾する可能性がある二つの領域を統合することは不可能である。また、国際的にも、多文化共生的な観点が重要になってくる。先住民族の自然とのかかわりの文化的意味と政治的権利は「リオ」以来の重要な課題であり、生物多様性条約の締結国会議でも議論が続けられてきた。そのため、自然資源の科学的管理に対して、伝統的な知識もその管理のあり方に反映させることが求められてきた。まさに、ローカルな文化の個別的価値を認めた上で、それを普遍的な形で統合する、グローカルなあり方が求められてきたといっていい。二次的自然である、里山や里海における人間と自然との関係性の自然環境、精神環境、社会環境を統合した関係性も重要な課題として捉えられ、名古屋で行われた生物多様性条約第10回締結国会議（COP10）では、〈SATOYAMA Initiative〉が重要な戦略として位置付けられた。

水俣病事件を歴史的に見直し
持続可能な社会の構築について考える

　水俣病は工場廃水の環境汚染によって引き起こされた初めての公害病である。この水俣病がどのように引き起こされたのか、そして、発生した後に、加害企業、地域社会や国家がどのような形で対応し、被害者と向き合ってきたのかを考えることは、人間と自然環境とのかかわりの本質的な問題を示している。

　日露戦争以後の日本の富国強兵、軍国主義の時代の中で育まれて、戦後の高度経済成長社会を中心的に牽引した「優良」企業が引き起こした「公害」。だからこそ、その原因は、専門家も含めた国家的な形で隠蔽されてきた。そして、公害の原因になったメチル水銀は、その企業の主力生産物である塩化ビニールを生産するためのアセトアルデヒド製造工程で用いられる触媒の水銀に起因し、その塩化ビニールが、新たな生産方式である石油コンビナートによって生産されるようになり、アセトアルデヒド製造工程による生産が時代遅れになり、生産が中止された時点で、初めて国家により公害として正式に認められてきた。原因が初期に明らかになっていたにもかかわらず、そのことが科学的に不確実であるという理由で適切な対応がなされてこなかったという意味で「予防原則」の問題を提起されている。

　この問題は、環境問題の一つとしても捉えられているが、高度経済成長社会に欠かせないもっとも価値があり、多方面で使われたプラスチックである塩化ビニールの生産によって利益がもたらされた人たち（「受益圏」）と、水俣病という形で環境リスクを負わされた、主として不知火海で漁業を営んできた人たち（「受苦圏」）が社会的に分離されているため、人間と自然という形ではその問題を十分に捉えることができず、自然環境にかかわる人間の社会の中の社会的不公正や差別という問題が内包されているということでも重要である。その意味で「環境正義」の問題がそこにあると言っていい。また、その被害は、病気という身体的な疾患にとどまらず、生活全般や地域社会にまでおよんでおり、社会構造の中で「被害」を考えなければならないことにも留意しなければならない。

　このように、人間と自然との関係をどのように社会構造も含めて捉える

かという本質的な問題があるが、その解決過程の中で「もやい直し」ということが行われたように、身体的被害を超えた精神的な側面や社会的な側面において、地域社会がその問題に向き合い、持続可能な地域社会をどのようにつくっていくのかという問題と深く結びついている。

　そのことを踏まえた上で、水俣病事件におけるその時その時の問題の本質を探り、そのことから、人間と自然との関係のあり方がどうあるべきか、精神的な問題や社会的なものも含めて考えていきたい。下記に、水俣病事件の略年表を提示するので、それを時系列的に辿ることで、問題を深めていただきたい。

水俣病事件略年表

1906年	野口遵ら、曽木電気（株）設立、翌年日本カーバイド商会設立。水俣村に製造工場
1908年	曽木電気と日本カーバイド商会を合併し、日本窒素肥料株式会社（日窒）を設立
1925年	水俣町漁業組合、日窒・水俣工場に対し、漁業補償を要求（翌年見舞金契約）
1932年	日窒・水俣工場、アセトアルデヒド・合成酢酸設備の稼働を開始。廃水無処理
1936年	昭和合成化学工業・鹿瀬工場でアセトアルデヒド生産開始。廃水無処理
1941年	日窒・水俣工場、塩化ビニールの製造を開始
1942年	水俣市月浦に水俣病患者（4歳4ヶ月）発生（1972年熊大調査）
1943年	水俣漁業組合、日窒と補償契約を締結
1950年	新日本窒素肥料株式会社（新日窒）として再発足
1952年	新日窒・水俣工場、アセトアルデヒド誘導によるオクタノールの製造を開始
1953年	水俣病公式確認第1号の患者が当時5歳11ヶ月で発病
1956年	新日窒附属病院（細川一院長）水俣病発生の公式確認
1956年	西日本新聞が水俣病について初めて報道「死者や発狂者も／水俣に伝染性の奇病」

1956年	水俣市奇病対策委員会（研究班長：細川一新日窒附属病院長）発足
1957年	熊本県、厚生省公衆衛生局に食品衛生法による漁獲禁止措置の可否を照会
	厚生省、「水俣湾内特定地域の魚介類がすべて有毒化している明らかな根拠は認められない」として食品衛生法は適用できないと回答（以後、現在まで適用されていない）
1958年8月	熊本県、水俣湾内での操業禁止を通達
1958年9月	新日窒・水俣工場、アセトアルデヒド排水経路を百間港から八幡プールへ変更、水俣川河口へ放流
1958年12月	公共用水域水質保全法・工場排水等規制法の水質二法が公布、翌年3月施行、水俣には適用されず
1959年7月	熊大研究班、有機水銀説を公式発表
1959年8年	水俣漁協、新日窒と第1回漁業補償交渉（第1次漁民闘争）
1959年8月	清浦雷作東京工大教授、新聞紙上で「有機水銀説は慎重に取り扱うべき」との見解
1959年9月	日本化学工業協会（日化協）大島竹治理事「爆薬説」を発表
1959年10月	細川一新日窒附属病院長、工場廃水投与により猫が水俣病を発症確認（猫400号実験）
1959年10月	不知火海沿岸漁民「浄化装置完成まで操業停止、漁業補償要求」（第2次漁民紛争）
1959年11月	水俣市長・市議会議長・商工会議所・農協・新日窒労組・地区労など28団体代表50人、排水即時全面停止は水俣市民全体の死活問題と知事に陳情
1959年11月	厚生省食品衛生調査会、水俣病の主因は有機水銀である、と厚生省に答申、その日に水俣食中毒部会を解散
1959年12月	新日窒、「排水処理」設備（サイクレーター）完成
1959年12月	水俣病患者家庭互助会と新日窒「見舞金契約」
1960年4月	第2回水俣病総合調査研究連絡協議会。清浦雷作、「アミン中毒説」を発表

1963年2月	熊大研究班、水俣病の原因物質はメチル水銀化合物、水俣湾内の貝、新日窒・水俣工場のスラッジから抽出、公式発表
1965年1月	新日本窒素肥料株式会社、「チッソ株式会社」（チッソ）と社名変更
1965年1月	新潟水俣病の第1号患者、新潟大学で診察
1965年5月	椿忠雄・植木幸明新潟大学教授、「新潟水俣病」の発生の公式確認、翌月公式発表
1967年6月	新潟水俣病患者家族13名が昭和電工を相手取り提訴（新潟水俣病第1次訴訟）
1968年5月	チッソ・水俣工場、アセチレン法アセトアルデヒド製造設備を停止
1968年9月	政府、水俣病を公害病として公式認定
1969年	水俣病患者家庭互助会、「一任派」と「自主交渉派（後の訴訟派）」に事実上分裂
1969年12月	「公害に係る健康被害の救済に関する特別措置法」（旧法・救済法）が成立 救済法による熊本県・鹿児島県公害被害者認定審査会（徳臣晴比古会長）発足
1970年8月	川本輝夫ら未認定患者9人、6月審査会の棄却処分を不服とし厚生省に行政不服審査を請求
1971年6月	未認定死亡患者の妻ら3家族11人、チッソを相手取り提訴
1971年8月	環境庁、川本輝夫ら9人の行政不服審査に対し棄却処分取り消しの裁決
1971年9月	新潟水俣病第1次訴訟で、新潟地裁原告勝訴の判決
1971年10月	川本輝夫ら新認定患者、チッソとの補償交渉を開始（「自主交渉派」が発足）
1973年1月	新認定・未認定患者家族141人、チッソに対し提訴（2次訴訟）
1973年3月	熊本水俣病第1次訴訟判決、原告全面勝訴、確定

1973年7月	２次訴訟派を除く患者各派、チッソとの補償協定書に調印
1973年9月	財団法人水俣病センターの設立委員会開催。「水俣病センター相思社」と決定
1973年10月	「公害健康被害の補償等に関する法律」（公健法・補償法・新法）を制定
1974年1月	熊本県、水俣湾で汚染魚封じ込めのための仕切網設置
1974年10月	環境庁、不作為の行政不服審査請求第１次分の残り161人について11人容認、150人棄却の採決
1977年10月	熊本県、水俣湾のヘドロ処理事業を開始（仕切網の設置作業）
1978年7月	環境庁、「蓋然性が高い場合に認定」などとする新次官通知を発表
1978年10月	国会で「水俣病の認定業務の促進に関する臨時措置法案」が可決成立
1980年4月	ヘドロ処理差し止め仮処分判決。熊本地裁、原告の訴えを却下。６月工事再開。
1982年10月	関西在住の水俣病患者・遺族ら、チッソ・国・熊本県を相手取り提訴（チッソ水俣病関西訴訟。県外初の国賠訴訟）
1984年12月	水俣青年会議所「活力ある明日のみなまたへ向けて」で水俣病を水俣づくりに避けて通れない課題として認識
1986年	水俣市「花と緑の快適なまちづくりマスタープラン」（国土庁モデル事業）で、水俣市の行政計画書としてはじめて水俣病問題の歴史的経緯を整理
1989年	水俣市「あいとやすらぎの環境モデル都市みなまた：水俣地域個性形成推進プログラム」（国土庁モデル事業）
1990年～1994年	「環境創造みなまた推進事業」
1991年	水俣市「水俣地域における環境再生・創造ビジョン」（環境庁モデル事業）
1991年	水俣市の住民の自治組織「寄ろ会みなまた」設立、26地区で地域資源マップづくり

1992年	「寄ろ会みなまた」26地区、水のゆくえ調査
1992年5月	水俣市、68年以来24年ぶりに水俣病犠牲者慰霊式を水俣湾埋立て地で開催
1994年5月	水俣市、第3回水俣病犠牲者慰霊式を水俣湾埋立て地で開催
	吉井正澄水俣市長が市長として初めて謝罪（「もやい直し」が公式的に用いられる）
1995年	吉本哲郎「地元学」の提唱
1996年5月	水俣市主催の水俣病犠牲者慰霊式が水俣湾埋立て地で開催。岩垂寿喜男環境庁長官や後藤舜吉チッソ社長らが初めて出席
1996年10月	水俣市、「水俣メモリアル」で地域再生を願う「出発（たびだち）式」を開催
1997年3月	芦北町湯浦に芦北もやい直しセンター「きずなの里」が落成
1997年7月	福島讓二熊本県知事が水俣湾の安全宣言。8月から仕切網撤去工事に着手
1997年10月	チッソによる水俣湾内の魚介類の買い上げ事業終了。水俣市漁協、漁業再開
1998年2月	「水俣市総合もやい直しセンター」（愛称「もやい館」）が完成
2002年〜	「村丸ごと生活博物館」
2004年	水俣病関西訴訟で最高裁、国と熊本県の責任を認め、賠償を命じる
2010年	水俣病特別措置法による未認定患者の救済が始まる（2012年7月末まで）
2011年3月11日	東日本大震災

※「水俣病略年表」相思社ホームページより改変
http://www.soshisha.org/jp/about_md/chronological_table

6．持続可能性（サステイナビリティ）という概念の出現

　さて、ここまで、人間と自然との関係性から「共生」のあり方について問題を捉えてきたが、自然的環境だけでなく、社会的環境や精神的環境も含めて、自然を前にしたときの人間社会における人間と人間の関係性も含めて考えたとき、「持続可能性（サステイナビリティ）」という概念を中心として、新たな「共生」の原理を考えて行く必要がある。そこで、「持続可能性」ということがどのような歴史的な経緯の中で捉えられてきたのか簡単に整理してみたい。

　1987年に「環境と開発に関する世界委員会（ブルントラント委員会）」による報告書『われら共通の未来』が発表された。この報告書には、「環境」あるいは自然資源への配慮なき「開発」は人類の発展を持続可能にしない、という発展観というものが提起されて、その認識が国際的にも共有されることとなった。この報告書の中で「持続可能な開発（sustainable development）」という

図Ⅳ-6

Sustainable Development 概念の歴史的変遷

- *World conservation strategy: living resource conservation for sustainable development,* IUCN&WWF, 1980
- *Brundtland Report: Our Common Future,* World Commission on Environment and Development, 1987
- *Caring for the Earth/ A Strategy for Sustainable Living,* IUCN/WWF/UNEP, 1991
- *AGENDA 21* (United Nations Conference on Environment & Development Rio de Janerio, 1992)
- *United Nations Millennium Declaration*, 2000, New York
- Millennium Development Goals (MDGs) -2015
- ESD (Education for Sustainable Development) (World Summit on Sustainable Development, "WSSD", Johannesburg Summit 2002)
- Decade of Education for Sustainable Development, 2005-2014
- *The 2030 Agenda for Sustainable Development* Sept., 2015
  Sustainable Development Goals：SDGs

概念が最初に使われた。

　しかし、そもそも「持続可能な開発」という用語は国際自然保護連合（IUCN）と世界自然保護基金（WWF）が出版した『世界保全戦略—持続可能な開発のための生物資源保全—』（1980）という報告書のサブタイトルに使われたのが最初であると言われている。「持続可能な開発」とは「人間のニーズを満たし、かつ生き方の質を向上するために生物圏を改変し、人的資源、財源、生物資源、無生物資源を活用すること」と定義されている。この考え方は、以前述べた「保存」に対する「保全」の考え方の土台に立った概念である。IUCNは「生物圏を人類が利用する際の管理であり、それによって将来世代のニーズと願望を満たすための見込みを維持しながらも現代の世代に最大限の持続可能な利益をもたらそうとする」こととして「保全」を位置付け、そのような自然資源の「賢明な利用」により、持続可能な経済的利益を担保するために自然資源や環境の破壊的利用を避けると考えられている。人類の自然資源利用ということが大前提とされており、開発のための資源ベースとしての自然保全の必要性なのである。

　しかし、先進国と途上国の南北問題を前提にしたときに、人類の自然資源利用ということは、北と南とではまったく問題が異なる。南の貧困問題の解決を重要視すれば、再生可能な形で人間が自然資源を利用することは重要であるが、既に自然資源を過度に利用してきた北の人たちにとってはその自然資源利用について制限をすることは必要になってくる。それゆえ、南の貧困に配慮した上で北の過剰消費について考えて行くことが持続可能な社会の実現に必要である。しかし、1987年のブルントラント委員会の報告書での「持続可能な開発」の概念は、発展途上国の「貧困」問題に配慮しているにもかかわらず、先進国の自然資源利用のあり方を基本的に制限するまでの概念としては提起できなかった。これが、「持続可能な開発」のように「開発」を残している大きな理由である。

　しかし、1991年にIUCNが出した『かけがえのない地球を大切に—持続可能な生活様式実現のための戦略—』では大きな概念の変化がある。そこでは、「生きかたの質（quality of life）」を強調し、「持続可能な開発」という用語は「持続可能な生活様式（Sustainable Lifestyle）」という用語に代えられることとなった。しかし、この新しい概念は、1992年のリオ・デ・ジャネイロでの地球サミットや2002年のヨハネスブルグサミットにおいても中心的には取り上げられることはなかった。しかし、「生活様式」や「生きかたの質」といったあ

図Ⅳ-7

る意味では個人レベルの変革を教育によって促そうという発想がこの『アジェンダ21』の第36章（教育と研究）に明記され、それが、「持続可能な開発のための教育（ESD）」を生み出すことになった。

　ヨハネスブルグサミットでは実施計画の中で「持続可能な開発」における「経済開発」「社会開発」「環境保全」という相互に補強しあう三つの柱の重要性について言及され、貧困撲滅のためには経済開発のみに依存するのではなく、人（人間開発）、と社会（社会サービス）のレベルでの社会開発と環境保全が重要であることが認識されるようになった。「持続可能な発展のためのヨハネスブルグ宣言」の第11条項には「我々は、貧困撲滅、消費と生産パターンの変革、経済と社会発展のために自然資源を保全し管理していくことが持続可能な開発の包括的な目標であり必要不可欠な条件であるという認識を持つ」と書かれている。

　本章の冒頭でも触れたように、1992年のリオ・デ・ジャネイロの地球サミットで提起された問題が、ヨハネスブルグサミットで深められ、2015年の9月には、ニューヨーク国連本部で開催された国連持続可能な開発サミットで、「我々

の世界を変革する：持続可能な開発のための2030アジェンダ」が採択され、そこで、17の目標と169のターゲットからなる「持続可能な開発目標（SDGs）」が掲げられた。ここには、「貧困」、「食料」「健康、福祉」「教育」「ジェンダー」「水と衛生」「エネルギー」「経済成長、雇用」「レジリエンス、イノベーション」「不平等の是正」「都市、居住」「消費と生産」「気候変動」「海洋環境と資源」「森林や土地等の陸域生態系」「平和、インクルージョン」「グローバル・パートナーシップ」といった私たちの生活をめぐるありとあらゆる側面に関する目標が掲げられている。このSDGsは、2015年までの国連ミレニアム開発目標(MDGs)の後続の目標として掲げられた。MDGsと大きく違うことは、先進国、途上国を問わずすべての国々を対象としており、社会のあらゆるセクターを包摂し、交渉プロセスも多数のステイクホルダーが関与したことである。いままでのように、開発途上国の社会的課題に限定されず、経済、社会、環境の三つの分野にわたり、相互に関連する様々な要素に関する取り組みとして捉えられている。その意味で、「誰も置き去りにしない（no one will be left behind）」という形で取り組むことが求められている。

　従来であれば、狭い意味での陸域や海域の環境に関心がありそのことに関連する活動をすればそれで良かったのかもしれない。しかし、それでは済まされないということである。例えば、野生生物の保護の現場でも、かつては、要塞型の保全といって、野生生物を守るために国立公園や保護区といった「要塞」を作って人間の営みから切り離して守ればいいと思われていた。

　しかし、国立公園や保護区であっても、狩猟文化も含めた周辺のコミュニティの営みと切り離して保全することはできないことから、コミュニティ・コンサベーションのようなこともいわれてきた。コミュニティの文化や社会、経済との関係で取り組みを進めることが必要になってきている。そもそも、その地域社会のステイクホルダーの人たちの参加も含めた社会システムがなければ問題の解決はできない。SDGsの一つやいくつかの目標の課題をそれだけに取り組めばいいということではなく、それぞれの課題が、相互連関しており、他の目標の課題も同時に考えていかなければならないのである。

　第4節、第5節で展開してきたように、環境に関わる環境倫理の課題は、人間と自然との関係を二項対立的に捉えて、自然を中心に据えるだけでは問題の解決にはならない。当初のアメリカ流の環境倫理の考え方を根拠した要塞型の野生生物保護は、野生生物保護のマネジメントのあり方としても限界があるだ

けでなく、社会的不公正を引き起こすものとして捉えられるようになった。

　1992年のリオ・デ・ジャネイロでの地球サミット以後、環境問題の南北問題、先住民族の権利の問題など、貧困や社会的公正（社会的正義）、ジェンダーの問題などが大きな課題となり、「環境倫理」は、人間と自然との関係のみならず、自然環境と向き合う多様な人間社会における関係のあり方まで拡げて捉えられる理念を提供することが大きな課題となってきた。環境倫理の中心的な理念は、人間と自然の関係性を文化や社会の中で統合的に捉え、社会的不公正を是正するべき「環境正義(environmental justice)」となったのである。気候変動や生物多様性の問題、エネルギーや食料、水などの問題をバラバラの問題として捉えるのではなく、統合的に捉え、さらに、生産と消費の問題、イノベーションのあり方、経済成長や雇用のあり方をトータルに捉える考え方である。「正義」ということが「正義の味方」のように一面的な方向を持った誤解を与える危険性があるが、ここでの「正義(justice)」は、人間以外の存在との関係性のみならず、環境に関わるさまざまな人と人との関係性も含め、人と野生生物との関係や、農業やエネルギー、水などの自然の利用に関わる場面での人と人との関係性の中で、いかに「公正」であるべきかといったあり方を指している。空間的な地理的に離れた人と人との関係、時間的に離れた世代間の関係、社会構造的な関係性の全てにおいて公正であるべきあり方である。

　2011年の東日本大震災以後、「災害」ということに大きく目が向けられるようになった。自然との関係は、恵みをもたらしてくれるものであると同時に、人間にとって厳しい災いをもたらすものである。生物多様性の豊かさは自然界の多様な撹乱によってもたらされ、そのことは時として人間にとっての災害となる。自然の豊かさと災害とは裏腹である。しかも、生物多様性の豊かさは人間にとっての災害を軽減くれる役割もあることがわかってきた。それゆえそのことも含めて、生物多様性を守りつつも災害に対応できるレジリエンスが求められ、それは、それぞれ特化して捉えるのではなく統合的に捉える必要が出てきたということである。

　いわゆる「環境問題」も、「地球にやさしく」というスローガンに現れているような単純な課題ではなく、社会構造や経済システムも含めた複雑な構造を持っており、その中で、いかに「環境正義」を確立していくのかが問われているのである。地球サミットは、1992年のリオ・デ・ジャネイロでのサミット以来、リオ＋５、リオ＋１０、……と言うように1992年のリオ・デ・ジャネイ

ロを起点にして呼ばれてきたのは、「環境正義」の考え方の原点がリオ・デ・ジャネイロにあり、そこから始まっていると言うことを意味している。そして、2015年のサミットで、SDGsという形で、その理念が目標として明確に定められることとなったのである。

　気候変動やエネルギーのことで考えてみよう。気候変動はややもすると炭酸ガスの削減に特化して捉えがちであり、炭酸ガス削減の数値的目標だけが一人歩きしてしまう。しかし、SDGsの理念にのっとれば、炭酸ガスを削減するためのエネルギーを生み出す過程で、社会的不公正はあってはならないことであり、人間の多様な生活全般を含めたあり方の中で、生産や消費のあり方や経済成長やイノベーションのあり方など、社会的な不平等を是正する形での取り組みが必要で、その中で炭酸ガスの削減をトータルな社会のあり方の中で取り組むことが求められている。

　このことを考えると、私たちは、SDGsに関わる積極的な活動などに参加している場合にも、それぞれの個別の目標に関わる課題と、他の目標との関連をより深く捉えて、一つの目標課題に特化した形の取り組みから脱却したり、あるいは、他の目標の課題に繋がるような活動の可能性を求めて取り組んでいくことが求められている。そして、そのような積極的な活動に参加していなくとも、私たちの生活の全般に関わる基本になっている、食料やエネルギー、水、居住環境、子どもを育むあり方、災害に対するあり方など、全体にかかわることをいかに統合して捉えて、見直していくのかということが求められている。私たちの生活の日常にこそ目を向けて、SDGsという一つの指標で、環境正義に基づいたあり方を捉え直し、地域社会の中でそれを実現することを考えていくことが、一人一人に求められている。このことで、教育における領域で大きな転換が始まっている。それは持続可能な開発のための教育（ESD）である。

7．持続可能な開発のための教育（ESD）の誕生と展開

　環境教育は1970年代から展開してきており、国際的にも、ベルグラード憲章（1975年）やトビリシ宣言（1977年）などの提起を経て大きく展開してきた。ベオグラード憲章では環境教育の目標を「環境とそれに関連する諸問題に気づき、関心を持つとともに、現在の問題解決と新しい問題の未然防止にむけて、個人および集団で活動するための知識、技能、態度、意欲、実行力を身につけた人々を世界中で実行育成すること」とされ、そのために、「認識（Awareness）」「知識（Knowledge）」「態度（Attitude）」「技能（Skills）」「評価能力（Evaluation ability）」「参加（Participation）」という六つの要素を挙げている。トビリシ宣言では、「現在および未来の世代に対して、開発と関連させながら環境を保護、改善する」ことに資することが言われ、「本来総合的な生涯学習で、倫理的価値に配慮した環境保護を行うのに必要な技能や態度の育成する」ことなどが言われて展開してきた。しかし、1980年代までは、主体としての人間が客体としての環境の問題を解決する教育という形で環境教育が考えられてきた。そもそも環境問題を引き起こすような人間社会のあり方や、人間の価値観のあり方の変革の必要性には、1991年の『かけがえのない地球を大切に』で提起された「持続可能な開発」から「持続可能な生活様式」へと焦点を移した考え方を待たねばならなかった。1997年の「テサロニケ宣言」では、「教育の持続可能性への方向付けはすべての国のフォーマル、ノンフォーマル、インフォーマル教育のすべてのレベルを巻き込むことである。持続可能性の概念は環境のみならず貧困、人口問題、健康、食糧安全保障、民主主義、人権と平和などを含んでいる。持続可能性は、結局は文化の多様性と伝統的知識が尊重される道徳的かつ倫理的要請そのものである」と述べられ、社会、経済、環境の間の断ち難い関係性を認識した上での持続可能性の概念が提起されている。

　そのような流れの中で「持続可能な開発のための教育（ESD）」が2002年のヨハネスブルグサミットで公式に宣言された。そして、日本政府が主導する形で「国連ESDの10年」（2005-2014）が展開され、2015年からは「ESDに関するグローバル・アクション・プログラム」が国連を中心に展開される予定になっている。

ESDは次のように課題設定されている。「ESDは、あらゆる人々が、地球の持続可能性を脅かす諸問題に対して計画を立て、取り組み、解決方法を見つけるための教育である」「これらの問題は、持続可能な開発の三つの領域である環境、社会、経済に起因している。雇用、人権、ジェンダー、平和、人間の安全保障などの社会問題と同様に、水や廃棄物といった環境問題はすべての国に直接影響をおよぼす。また、あらゆる国々が、貧困削減、企業責任とアカウンタビリティのような経済問題にも取り組まねばならない。HIV/AIDS、移民、気候変動、都市化など、世界中の関心を集める大問題においては、持続可能性の3領域において、複数の領域にかかわっている。これらの大問題は非常に複雑であり、解決方法を見出すには、現在および次世代のリーダーと市民のための、広範囲で精巧な教育戦略が必要である。地球の持続可能性を脅かす複雑な諸問題に対処するための教育が、ESDの課題である」。このESDは、従来、理科教育に偏って限定されていた狭い意味での環境教育を、「環境」のより統合的な捉え直しの中で、理科のみならず、社会、国語、等々のさまざまな教科にまたがり、狭い意味での学校教育から社会教育や地域づくり運動のようなものまで拡げ、フォーマル、ノンフォーマル、インフォーマルな教育、そして幼児から高齢者までの生涯学習を網羅するものとなっている新しい体系的な教育のプログラムである。そのため、このESDには、従来の狭い意味での環境教育だけでなく、開発教育、国際理解教育、平和教育、人権教育、多文化共生教育、福祉教育、ジェンダー教育などが含まれる。

　環境教育はもともと個々人が「生きる力」を育むことを重視してきたが、このESDは、そのことをより明確にしたといえる。「生きる力」とは、文科省の学習指導要領では、社会や環境の変化の中で自ら問題を発見し、考え、課題を解決していく知識や思考力、判断力のことを指しているし、さらに、「生きる力」を育むためには、学校・家庭・地域が連携した教育活動が必要であるとされている。2011年の東日本大震災以降、自ら判断し、行動し、災害から生き抜くという意味でも「生きる力」が重要であることが示されてきた。さらにまた、この「生きる力」は、「ともに生きる力」であることも強く意識されるようになった。いままで地域の内発性や自律性に基づいて展開してきた広い意味での社会教育的な活動である「まちづくり」や「地域づくり」といった平時の諸活動が、災害時にはセイフティネットとして機能しうるという点や、コミュニティや自治体間の交流・連携が、災害時には減災機能を発揮しうるという点に

留意し、異なる世代や異なる地域が有機的なネットワークを結ぶことによって
社会教育的な意味を持つことにより、災害にしなやかな持続可能な社会を構築
するという視点が重要になってきている。個人の「生きる力」の育成から、地
域社会（コミュニティ）で自立した個人が互いに協力・協働しながら地域づく
りを行う「ともに生きる力」の育成を通して、新たに地域・社会、経済、文化
などを含めた、広義の意味での環境を創造していくことが、東日本大震災後の
社会に求められている。自らの「生きる力」を「生き抜く力」「生き残る力」
に鍛え上げるだけでなく、「ともに生きる力」を、「ともに生き抜く力」、「とも
に生き残る力」へと展開することがESDに期待されている。

8. 人間の自然に対する関係性から捉え直す環境倫理

　さて、環境倫理の問題に再び戻りたい。そもそも、環境倫理とは、人間が「環境」に対してどのようにかかわりあうべきなのかという規範である。規範と言えば一般的に個人的な道徳的な問題に限定されて考えがちであるが、それだけではない。個人でいくら頑張っても、社会システムが自然環境を収奪しエネルギーを浪費するようなものである限り、個人の努力は限界があるし、そもそも人間が「環境」に対してかかわるあり方は、社会的なものでもある。人間の「環境」との関係は、経済活動も含めたさまざまな制度を通してのかかわりまでおよぶ。とりわけ現代においては、直接の接点として「技術」のあり方が大きい。「環境問題」の解決に対して先端的技術で対応するべきなのか、伝統的技術も見直しながら考えていくのか、技術の選択の際にも、「政策」のあり方が重要になってきている。人間が「環境」に対してどのようにふるまうべきかという環境倫理の課題は、個人の生活スタイルや社会的な選択のあり方から、経済政策も含めた政策のあり方にまでおよび、さらに、どのような科学技術を選択し発展させていくべきかということも含まれる。

　「環境」の問題で、一般的に一番問題になるのは、物質的なレベルでの持続性である。地球温暖化の問題は、炭酸ガスの排出の問題であり、私たちが野放図な形で石油や石炭などの化石燃料を利用した結果、最終廃棄物として出てくる大量の炭酸ガスによる温室効果の結果に由来している。資源としての再生不可能な石油や石炭も有限であるが、排出される炭酸ガスを野放図に放出していいわけではない。環境問題の本質の一つは、私たちの世界が無限ではないことを認識することであり、「どこから来るのか」（資源問題）「どこへ行くのか」（炭酸ガス・廃棄物問題）ということをきちんと自覚することが問われているということなのである。そのような認識の中で、再生不可能な資源の浪費を抑え、再生可能な循環型のエネルギーへの転換が望まれている。

　そもそも、そのような問題が起こるのは、産業革命以後、石油などの化石燃料のような、太古の時代の生物が炭酸ガスを固定して地球深くに残してくれた遺産を一方的に使うようになったからである。もともと地球の大気圏では、太陽のエネルギーを受けて、植物が炭酸ガスを固定し、固定された生産物は動

物などにより消費され、そこからエネルギーを得るなどとして、炭素は循環している。しかし、私たちは、その循環を断ち切って、地球深く固定された炭素を野放図に利用し炭酸ガスとして放出している。このことの根本的な解決のために、私たちは、いま再び、自然界の循環のシステムの中で、自然とうまくかかわりあいながら生きていくべき道を選択するべく問われているのである。バイオマス、太陽光、風力などの再生可能なエネルギーの選択が迫られているが、それは、私たちが、太陽エネルギーに起源を持つ植物の生産と水の循環の自然のシステムの中でうまく生き続けることが求められているということなのである。それゆえ、炭酸ガスのみの問題を解決するために炭酸ガスを地球深く埋設すればいいわけではない。また、食料となるべき穀物をバイオ燃料として使えばいいという問題でもない。さらに言えば、単純に植林すればすむというわけではない。私たちが豊かな自然の恵みの中で生き続けるためにどうするかを考えるべきであろう。

　その意味で、この問題は突き詰めると、生物多様性の保全の問題ともつながってくる。生物多様性の保全は、一部の自然好きの人たちのための自然保護と誤解されているようである。生物多様性の保全は、人間にとって、生きることとは何かを問う重要な問題だという理解が十分になされていない。2002年から取り組まれている国連のミレニアム生態系評価のプロジェクトでは、人間にとっての生物多様性の恵みというものを「生態系サービス」として捉えることを提案している。生態系には、食物など人間の暮らしの基礎となるものを支えている「供給サービス」に加え、人間だけでなくすべての生命の存立する基盤を提供する「基盤サービス」、温度の調節、災害の防止など将来にわたる暮らしの安全性を保証する「調整サービス」、それぞれの地域の文化を育み、私たちの心を豊かにしてくれる「文化サービス」の四つのサービスがあると指摘されている。このことは、生物多様性の保全は、有用な生物的な資源を利用し続けるだけでなく、人間の生きる基盤を提供し、広い意味での安全性を確保し、精神的文化を享受し豊かに生きることと深く関係があるということを意味している。

　環境問題は、往々にして、廃棄物や温暖化、絶滅の危機にある稀少生物や生態系の保護などの物質レベルの問題、持続性が本質であるかのように語られるが、それに限定付けられるものではないのである。私たちが「生きる」ということを問い直し、私たちが豊かに生きるということと深く関係しているのである。

図Ⅳ-8 「国連ミレニアム生態系評価」における「生態系サービス」

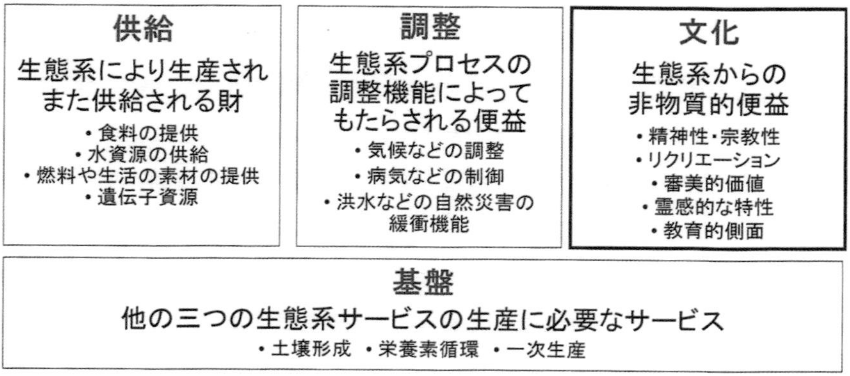

供給	調整	文化
生態系により生産されまた供給される財	生態系プロセスの調整機能によってもたらされる便益	生態系からの非物質的便益
・食料の提供 ・水資源の供給 ・燃料や生活の素材の提供 ・遺伝子資源	・気候などの調整 ・病気などの制御 ・洪水などの自然災害の緩衝機能	・精神性・宗教性 ・リクリエーション ・審美的価値 ・霊感的な特性 ・教育的側面

基盤
他の三つの生態系サービスの生産に必要なサービス
・土壌形成 ・栄養素循環 ・一次生産

出典：国連ミレニアム生態系評価　https://www.millenniumassessment.org/en/index.html
邦訳『生態系サービスと人類の未来』（オーム社、2007年）

　「環境倫理」とは、私たちが環境とどうかかわるのかということを問いなおすことであるが、その「環境」とは、自然的環境だけでなく、社会的環境や精神的環境も含まれ、また、それらが統合的な形で存在していることを理解する必要性がある。

　自然的環境だけを考え、その持続性を考えたとき、私たちは自然資源の利用をさまざまな形で制限することがいいとされる。しかし、往々にして、自然を排除し、自然から遠いところで生活できる先進国の都市部の人たちは影響を受けず、自然にもっとも近いところで生活している途上国の先住民族の人たちが生産手段を奪われ、自然を利用する文化を維持できなくなることがしばしば起こる。自然的環境の持続性だけを考えた場合、社会的には不公正な事態がしばしば起こるのである。自然的環境の持続性と、社会的環境の公正さを同時に満足させるようなことを考えなければならないし、そのことは、精神的環境の面でも、自然との関係の中で、また、地球上の遠くで暮らしている人たちや未来世代を含めた他の人たちとの関係の中で、精神的に豊かな関係を築くことでもある。

　「環境倫理」においては、この三つの環境の側面を全体として捉え、私たちが「生きている」ことを問い直し、真の意味で豊かに生きるためにはどうしたらいいのかを問題にしている。この三つの諸相を統合的に、さらに、自然と人

間、自然を前にした人間と人間のあり方を関係論的に捉えるあり方が求められている。これからの人間の自然とのかかわりのあり方を考える際に、いままでの人間の歴史の中で、人間が自然を利用し続けてきたことの意味をきちんと踏まえることがまずもって必要である。かつての利用のあり方は、ただ単に、人間が自然を支配し、収奪してきたということだけでなく、自然に対する畏敬の念なり、もっと精神的なものが内包されていた。さまざまな地域で、自然とのかかわり、自然の利用に関連して、さまざまな祭事や宗教儀礼などが存在していた。

　伝統社会においては、自然の利用という社会経済的な営みは、宗教儀礼などの精神的なかかわりと不可分な形で存在していた。自然に感謝し、畏敬の念を持つことが裏打ちされて、はじめて「利用」ということが成立していた。それは、特に、狩猟を生業とするマタギの人たちや伝統的な捕鯨や一本釣りの漁労に携わってきた人たちのように、野生動物と直にかかわりのある営みをしてきた人たちの中で顕著であり、殺生と深い尊敬の念が同居している。だからこそ、殺生のあとは、血の一滴も無駄にしないような利用をしてきたわけであり、そこに人間の自然の利用のあり方の原点がある。利用にかかわる経済的つながりと畏敬の念や宗教的儀礼という精神的つながりは統合的に存在していた。

　ところが、近代の産業社会の中で、私たちは、自然と直にかかわるような営みを外部化して、精神的なかかわり抜きでの、「利用」にかかわる経済的つながりのみで関係をつなぐこととなった。他の生命や、その生命が育まれてきた自然、そうした自然と深い関係にある風土や、それらを利用し続けてきた文化などの、精神的なものまで拡がりがあるような、自然との深いかかわり（精神的つながり）を失ってしまった。「食べられればなんでもいい」「利用できればなんでもいい」というように、「利用」にかかわる「価値」を交換可能なものとして流通させることによって、交換不可能な精神的な価値を捨象してきた。人間と自然との関係を経済的つながりに限定し精神的つながりを切断してきたのである。熱帯林の破壊などの「環境問題」や、地球温暖化を引き起こした大量生産、大量消費、大量廃棄社会の根源には、このような、経済的つながりと精神的つながりの切断という根本的な問題がある。

　破壊された自然の回復、再生には、人間と自然とのかかわりの回復と、それを支える人間と人間のかかわりあいの取り戻し、あるいは再生が必要である。いままでの近代的な産業社会の中で，経済的つながりから切断されてきた、精

図Ⅳ-9

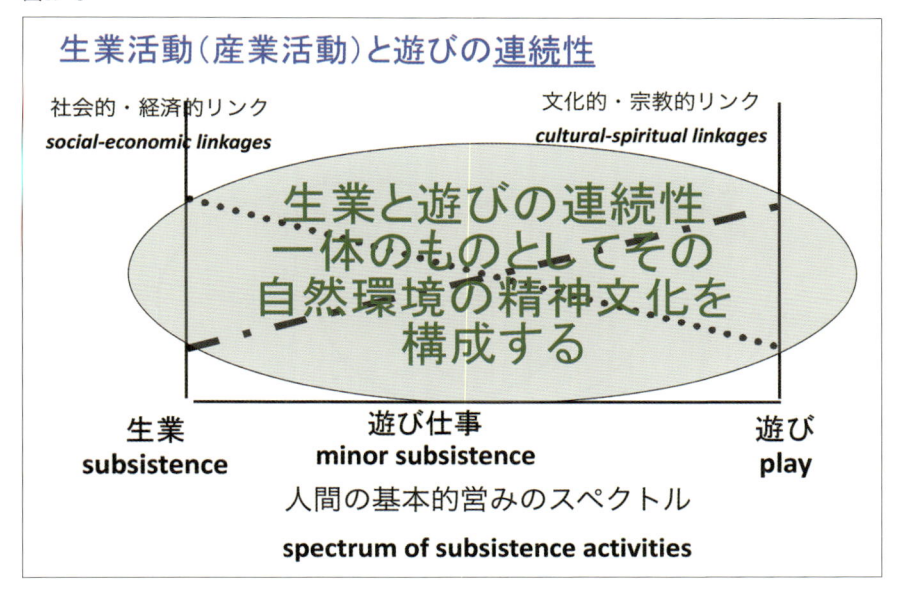

生業活動（産業活動）と遊びの連続性

社会的・経済的リンク
social-economic linkages

文化的・宗教的リンク
cultural-spiritual linkages

生業と遊びの連続性
一体のものとしてその
自然環境の精神文化を
構成する

生業	遊び仕事	遊び
subsistence	minor subsistence	play

人間の基本的営みのスペクトル

spectrum of subsistence activities

神的つながりを取り戻し、その二つの統合的な関係を紡ぎ出していくことが求められている。

　もともと私たちは自然の中で生きているし、私たちの生は、人間の歴史の中でも、自然の中で育まれてきており、人間の「文化」も自然とのかかわり、自然の利用の中から生まれてきたのである。また、自然とのかかわりと密接に関連して、コミュニティがつくられ、人間と人間のかかわりが形成され、自然とのかかわりを支えてきた。その「自然」は、身近な自然であって、遠い自然ではない。

　人間は、歴史の中で、農業や漁業、林業などの生活を経済的に支える生業を通じて自然とかかわってきただけではない。生業の他に、山菜やキノコを採取したり、鮎や鮭を獲ったり、水鳥を捕ったりと、実に多彩な活動をしてきた。こうした活動では、経済的な重要さよりも、遊びに通じる精神的なものが強い。実際、採取したり捕ったりしたものは、狭い意味での経済的な交換ではなく、「お裾分け」的な形で、地域社会で分配されるのが一般的であった。このよう

図Ⅳ-10

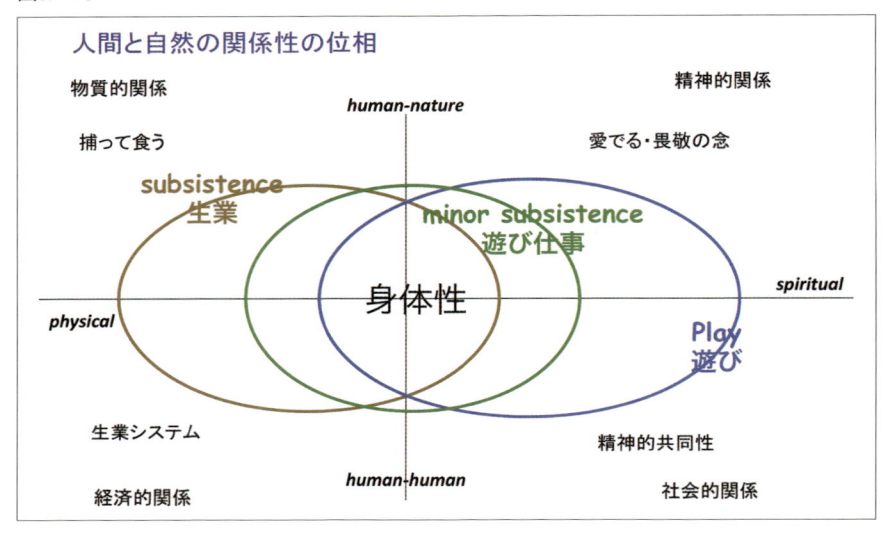

図Ⅳ-11

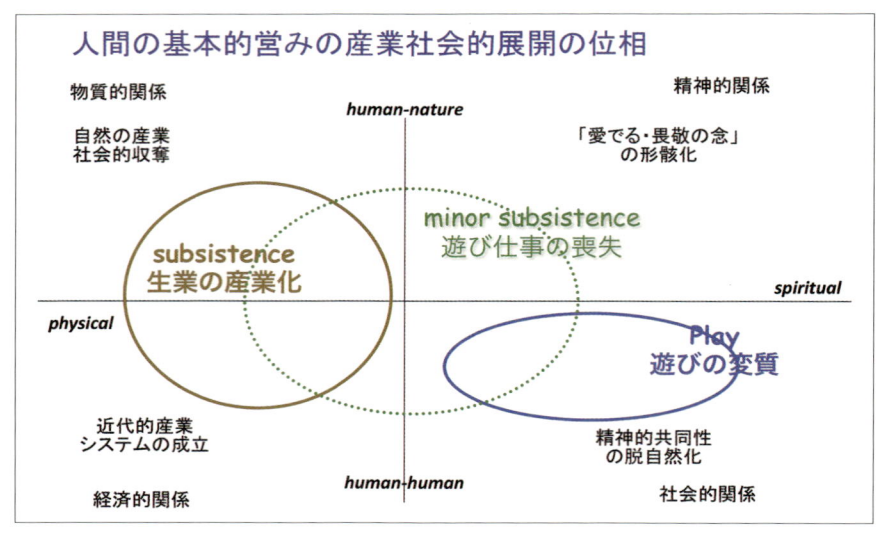

な営為は、市場経済的な経済行為としてはほとんど意味がなくとも、地域社会での「つながり」、精神的なかかわりという点では重要な営みであった。このような営みを「遊び仕事」と呼んでいるが、生業の営みと遊び的営みの中間的な存在として重要であった。子どもの「遊び」も、かつては、身近な自然の中で、さまざまな生物を採取したり、捕ったりすることが常であった。春になるとつくしを摘み、川や湖や海ではカニやエビなどを捕った。

「遊び」から「遊び仕事」を通じて、狭い意味での「生業」にいたる、幅広い生業活動の中で、自然とのかかわりが続けられ、それに応じて、人と人とのかかわりがつくられ、維持されてきた。

私たちは、このような根源的な自然とのかかわりを、現代の「里山」の保全やふれあい活動に求めているのではないだろうか。そして、そのような自然とのかかわりは、かつては、人と人とのかかわりに支えられ、私たちはさまざまな「かかわり」の中で生きてきた。しかし、近代の産業社会の中で、高度経済成長の中で、私たちは「里山」などの身近な自然を失ってきただけでなく、そ

図Ⅳ-12

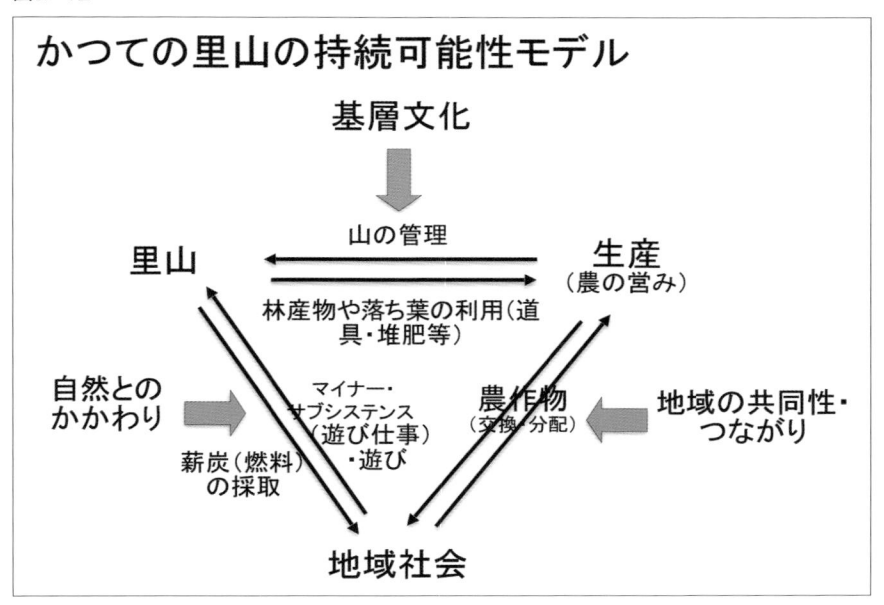

図Ⅳ-13

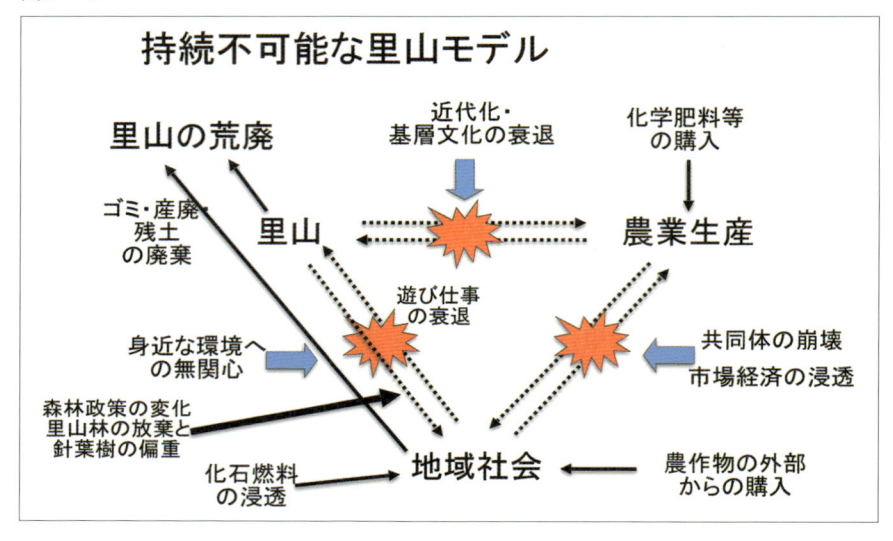

図Ⅳ-14

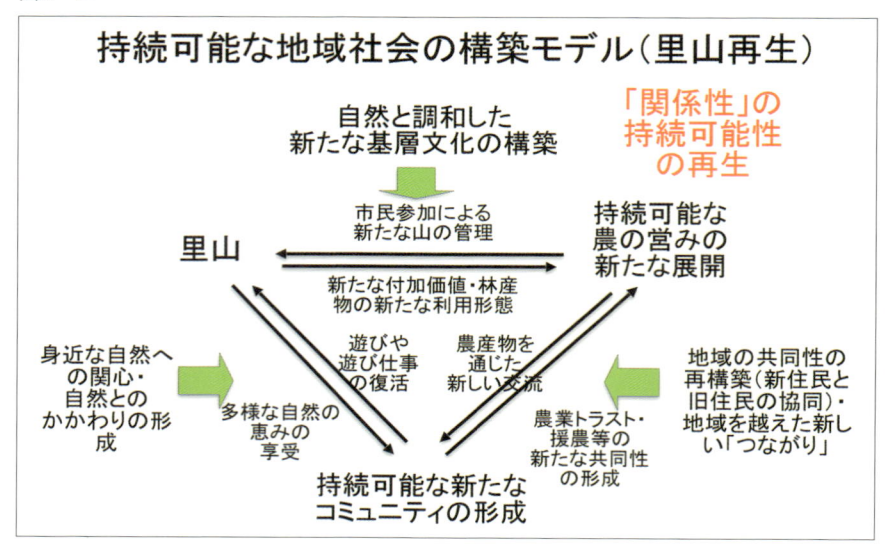

こでの「遊び」から「生業」にいたる豊かな自然とのかかわりを失ってきたのであり、それらのかかわりを支えている人と人とのかかわりあいを根源のところで失ってきた。根源的な「食」に対する不安、地域社会から、また、地域の自然から切り離されてきた子どもたちのさまざまな病理など、私たちは、自然とのかかわりをどのように回復し、また、「つないで」いくべきなのか、考えさせられることは多い。いま再び、私たちは、未来に向けて、人間がかかわりの中で生きてきたことを再認識し、自然との、また、人とのつながりを取り戻さなくてはならない。

　その中でも、地域社会とのつながりが大きく、また、精神的なつながりに深いかかわりがある、私たちの近代的な都市型の生活スタイルの中で見失われてきた、人間の自然に対する関係のあり方を問いなおすことこそ環境問題の本質ではないかということが問われるようになった。猟や伐採など、人間の自然に対する働きかけそのものが否定されるべきではなく、そのことの人間存在のあり方を問い直し、自然を継続的に利用して築き上げてきた歴史や文化を再評価することが指摘された。また、近代の科学技術や市場経済の浸透の中で、ますます強化されてきた、現代的な自然に対する支配や管理のあり方こそがむしろ問題ではないかといわれた。そして、「里山」における人間の自然への働きかけの意味や、自然とかかわることの深い意味が評価されるようになった。

　「環境倫理」ということで、自然そのものの持つ「価値」から、人間と自然との「関係性」を中心的な課題として展開されることの意味がようやく大きな力を持つようになった。これが「環境倫理」の関係論的なアプローチである。

《授業実践例と方法》
人と自然との「ふれあいマップ」づくりをやってみよう

はじめに

　ふれあい調査は、地域の土地に長い歴史の中で蓄積されているさまざまな知を掘り起こし、それを地域の人たちの間で共有して、地域の将来や災害に対する対応に役立てようとする、地域の人たち主体の調査方法である。その中で、今回は「ふれあいマップ」を作ってみよう。

　「ふれあいマップ」は、地域における「人と自然とのふれあい」が存在する場所を地図に表したものである。地域の人たちが大切に利用している場所、将来に引き継ぎたいふるさとの風景、さまざまな動物や植物をとった場所を記録する「ふれあいマップ」は、地域の自然に対する人々の価値観や思いを反映させ、共有するための道具である。マップを作ることが最終目的ではない。できたマップを元にして、更なる地域の中でのコミュニケーションを生み出し、持続可能な地域づくりへの市民参加と合意形成を促進することを目的としている。一般的には、自然の保全・再生計画、子どもたちの遊び場、災害時避難場所や開発計画の検討など、地域づくりや環境アセスメントにおいて不可欠な基礎資料としても活用されることもある。

　今回は、授業の中で、このふれあいマップづくりの一端を担うような試みをしてみよう。

　授業で使う場合、子どもたちが自分自身が持っている情報をマップ化するより、おじいちゃんやおばあちゃんなどの世代の人たちに聞き取りのような調査を行い、その中でいろいろと学び、三世代での情報の共有の学びを作っていくことを目指した方がいいだろう。

１．ふれあい調査、「ふれあいマップ」づくりの準備
【場所の選定】

　子どもたちが日常的に暮らしている集落などの共通の場がもっとも相応しい。それは、その集落地域で三世代交流が可能になり、高齢者が孫世代に伝えたいものを子どもたちと共有できるからである。しかし、学校で行う場合は、学校区が広いためなかなか共通する場を設定することが難しいことも多いだろう。その時には、その地域で多くの人たちが比較的よく利用している中山間部の里山や、里川、海辺や浜、干潟（里海）などの自然や、神社の鎮守の杜、境内など、共通の話題になる場

所が望ましい。しかし、それも難しい場合には、近くの公園などでもいいと思われるし、場合によっては、街路樹のようなものでも構わない。いくら都市化した地域でも、切れ切れになってしまったものであっても、「自然」はあるものである。そのような共通の場所になるものを選定するといい。

【準備するもの】

・下記に掲げる「ふれあい思い起こしシート」（聞き取りを行う対象となる特に高齢者を中心とした大人の人たちの枚数分、世帯主になっている男性だけでなく世代を超えて家族でそれぞれ書いてもらうのもいいと思う。

・付箋、模造紙、マジックペンなど（ふれあい懇談会、ワークショップを行うために必要）

・携帯電話やスマートホンなど、GPSの地理情報を埋め込んだ写真が撮れる機能を持ったもの

・当該地域の市町村史誌類の文献

・書き込める白地図、参考になる地図など。地形図（最近では国土地理院から公開データをダウンロードすることも可能）、空中写真（市販されているものは高価なので、グーグルマップの航空写真をプリントアウトしたもので十分）、市販のさまざまな用途の地図類（特になくてもいいが参考のため）、過去の写真（これを収集することもできるし、写真集などがあればそれを使うこともできる）

【聞き取りの対象】

　子どもたちのおじいちゃんやおばあちゃんなどでもいいが、一人暮らしや施設の高齢者の方にお願いするというやり方もある。また、自然や歴史などで活動している団体の人たちや、さまざまな伝統的な工芸や技術を持っている人たちにお願いすることもできる。学校の教員やPTAの役員の人たちを対象にしてもいいだろう。目的に応じてさまざまな選定の仕方を考え、事前にお願いをしておく。聞き取りをお願いした方には、子どもたちが作成したマップなど、きちんとした成果をお返しすることが重要である。

ふれあい思い起こしシート

1. 基本事項					
名　前			記入日	年　　月　　日	
性　別	年　齢	職　業	所属 ・活動など ありましたら）		
男　・　女	才代				
○○在住 ・△△ とのふれあい歴					
テーマ					

2. ふれあい思い起こし		年代 ○○年頃）
1	目に浮かぶ風景	
2	耳に残る音	
3	鼻に思い出す匂い	
4	肌によみがえる感触	
5	舌になつかしい味	
6	こころに残るエピソードなど そのほか何でも	

２．ふれあい思い起こしアンケート、聞き取りの実施

【子どもたちのチームをつくる】

　子どもたちに１人でさせてもいいが、２～３名のチームを編成して行うと、お互いに助け合うこともできるし、また、その中でさまざまな特性をもった子どもたちをうまく活用することができる。人数があまり多くなると、責任が分散してできる子どもだけがやってしまうケースも出てしまうので、２～３名がちょうどいいと思われる。

【ふれあい思い起こしアンケートの記入】

　地域の自然の中での体験について、①目に浮かぶ風景、②耳に残る音、③鼻に思い出す匂い、④肌によみがえる感触、⑤舌になつかしい味、⑥こころに残るエピソード　の項目ごとに思い起こして書いてもらう。これは、事前に配布して書いてもらってもいいが、調査を行う子どもたちが、聞き取りの形でいろいろと伺いながら、一緒に書き込んで行く方が、想像力も湧くし、子どもたちにとっても共有感があっていい。聞き取りをする場合には、聞き取りの基本的なやり方や注意点などを最初に子どもたちに教えておくことが重要である。

【ふれあい思い起こしアンケートの整理、ふれあい曼荼羅づくり】

　回収したアンケートを、書かれた項目毎に、付箋に書き写す。その時に、五感に応じて、色分けをした付箋を使うと、色をみただけで、どの五感のものか遠くからもわかるので便利である。

　書き写した付箋を、模造紙に貼り付けていく。そのときに、同じようなものを近い場所に貼り付けながら、みんなでワークショップのような形で、「ふれあい曼荼羅」のようなものを作成する。

【ふれあい懇談会】

　作成した「ふれあい曼荼羅」を持って、聞き取り対象者たちに集まってもらってもいいし、あるいは、学校の教室に、何人かの聞き取り対象者の人たちを招いて、みんなで、「ふれあい曼荼羅」を見ながら、さらに詳しく聞き取りをする。可能であれば、ICレコーダのようなもので録音し、文字起こしをして、後で活用するとさらにいい。文献類や写真なども参考のために使うのもいいと思われる。

　各人のふれあいについて１人ずつ順番に発表してもらう。１人が発表していると、同じような体験をした人たちが次々と自分のふれあいについて話し出すだろう。それに触発されて、新たに思い出したことも出てくる。１人の思い違いも他の人たちにより修正され、確かめられていく。

　次に、用意した白地図にふれあいがある場所に目印をつけていく。直接書きこんでもよいが、後から修正があることが多いので、ふれあいを付箋に書いて貼っていくのが便利である。一通り作業が終わったら、地図全体を参加者全員で眺め渡し、新たに気づいたことや、特に取り上げたいふれあいなどについて話し合う。こうしてできた地図は、ふれあいマップの原型といえる。

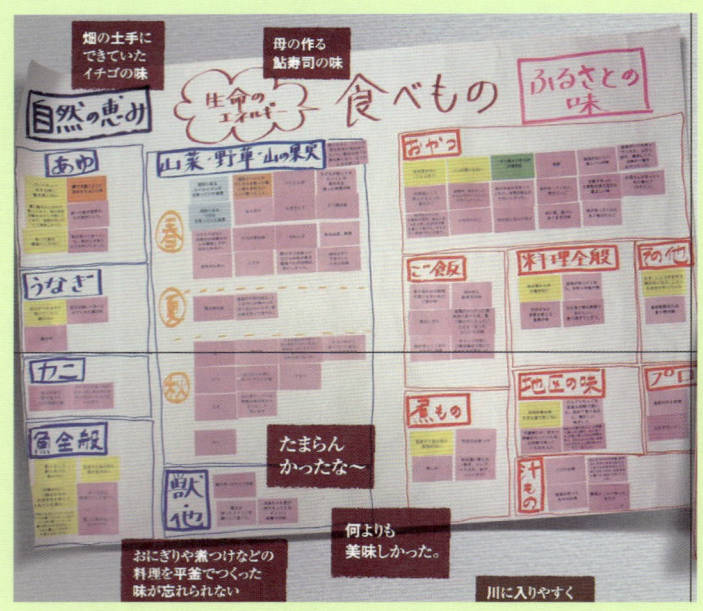

【アンケート、懇談会のまとめ方】

　アンケートの結果は、電子データに入力して保管し、①五感ごとのふれあい一覧、②キーワードによるふれあいのグループ分け、③キーワードランキングなどで整理するとみんなで共有するときにわかりやすい。公表する場合は、個人名の扱いについて確認を取るよう留意する。

　懇談会で出されたふれあい情報については、レコーダーから文字起こしをし、アンケートと同様に電子データで保管する。この結果を、アンケートと一緒に集計して活用してもよい。

　作成されたふれあいマップの原型については、後日情報を整理して、見やすいマップに描き直す。

３．現地でのフィールドワークを実施する

　書き込んだ白地図を持って、聞き取り対象者たちと一緒に実際に書き込まれている場所を確認し、さらにいろいろなことを聞き取り、写真などを撮る。子どもたち数チームに対して、１〜２名の聞き取り対象者たちを配置し、聞き取り対象者と子どもたちのコミュニケーションが十分に取れるように配慮する。

　事前にその日のスケジュールに合わせて、歩くルートを決めることが必要である。もちろん、現地で臨機応変にルートを変更するのは構わない。

　GPSなど地理情報機能を持ったスマートフォンなどの機器がない場合には、記録用地図、調査票、筆記用具、画板などを使いアナログに記録する。歩きながら、設定したテーマについて発見したこと・もの・気づいたことを調査票に記録し、デジタルカメラで写真を撮っていく。テーマに直接関係なさそうな事柄でも、心に引っかかったものは記録しておくとよい。写真を撮り、調査票に記録したこと・場所は、その場で地図に印と番号をつけておく。そこで人に出会い、聞き取りを行った場合は、聞いた内容のメモをとると同時に、相手の了解をとった上でレコーダーでも記録するとよい。

　現地でのフィールドワークの際は、目で見て得られる情報だけでなく、音や匂い、風の流れなどの感触など五感を使ってとらえる。

　また、交通事故には特に注意する。私有地への立ち入り、出会った人からの聞き取りなどは、常識をもって、相手の許可を得てから行う。季節によりふれあいの場から受け取る情報が異なり、それにより場の評価が変わる場合もあるので、調査目的によっては、四季を通じた調査が必要となる。調査時期や調査回数を検討しよう。

４．ふれあいマップの作成

　得られたデータから、いろいろと工夫をしながらマップを作成する。

５．ふれあいマップからまた始まる

　マップを作成することが目的ではない。できたマップを、聞き取り対象者たちと共有し、そこからまた、過去のいろいろなことを聞き取りつつ、地域の将来についても話し合う。

　持続可能な地域社会の構築には、このような地域の情報を共有しつつ将来に繋げていくことが大事である。

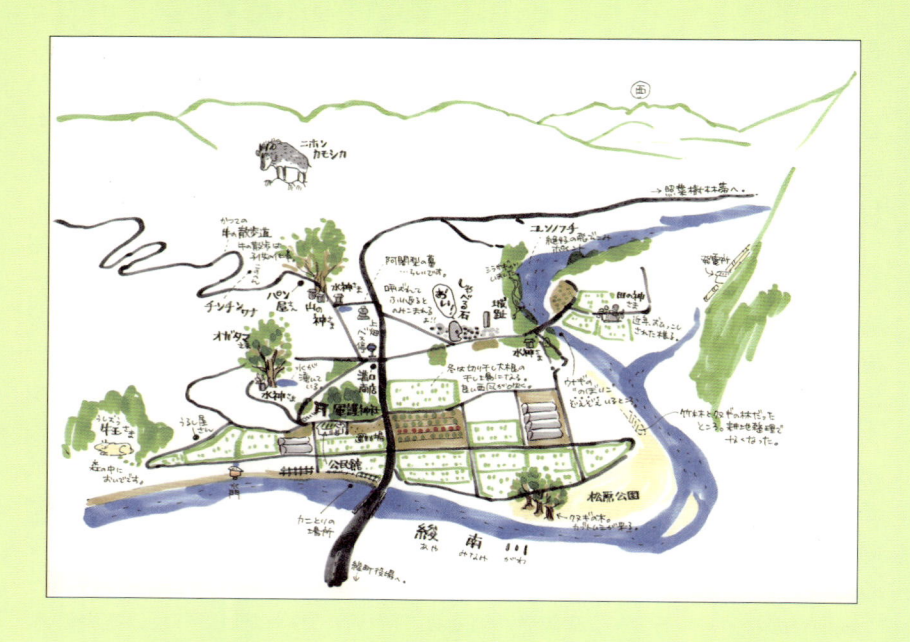

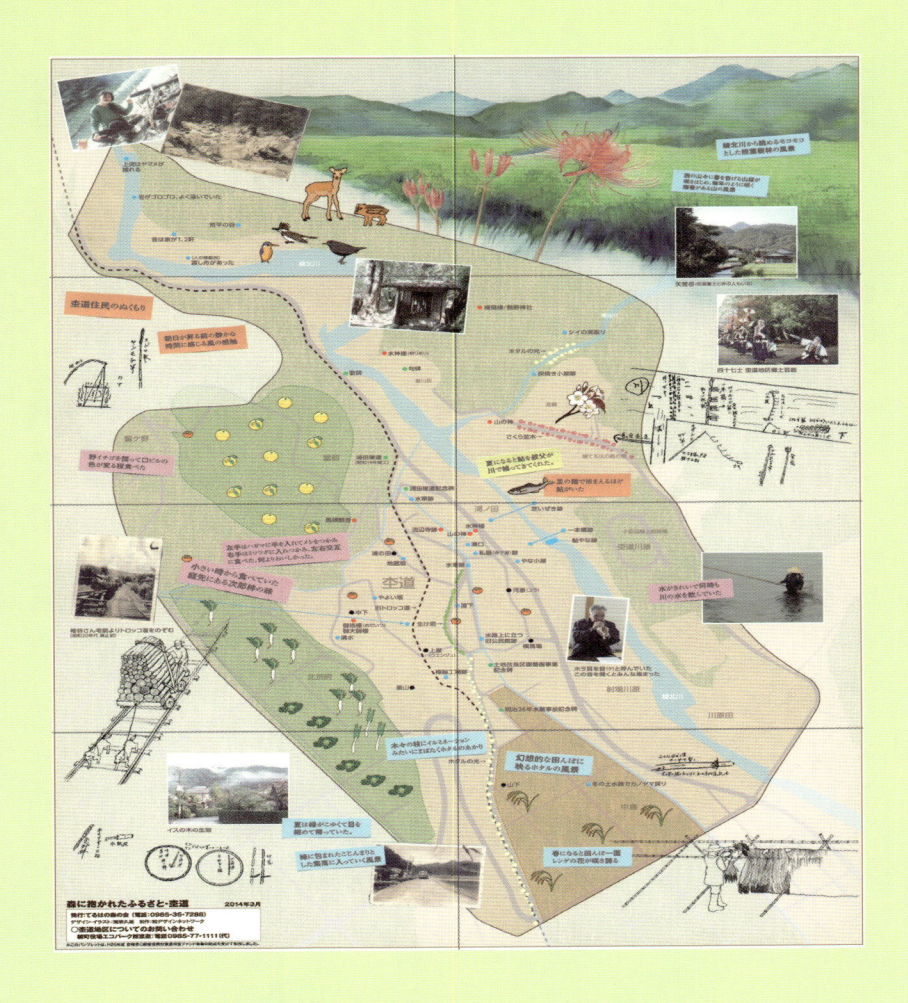

森に抱かれたふるさと・幸道　2014年3月

発行 てる山の里の会（電話：0985-36-7288）
デザイン・イラスト：後藤大治　制作・発行デザインネットワーク
◯幸道地区についてのお問い合わせ
　綾町役場エコパーク町室：電話0985-77-1111（代）

9. 人間と環境のダイナミックな関係と結合に基づく環境倫理

　「環境倫理」の関係論的アプローチで重要なのは、人間と自然との関係のあり方であった。これからの人間の自然とのかかわりのあり方を考える際に、いままでの人間の歴史の中で、人間が自然を利用し続けてきたことの意味をきちんと踏まえることが重要である。そして、かつての利用のあり方は、ただ単に、人間が自然を支配し、収奪してきたということだけでなく、自然に対する畏敬の念なり、もっと精神的なものが内包されていたはずである。さまざまな地域で、自然とのかかわり、自然の利用に関連して、さまざまな祭事や宗教儀礼などが存在してきていた。

　このことを理論的に捉えるために「社会的リンク論」を紹介したい。これは、人間と自然との関係のあり方を、社会・経済的リンクという、利用にかかわるような経済関係なかかわりのあり方と、文化的・宗教的リンクという、精神的なかかわりのあり方の二つの種類のかかわりのあり方の相互関係の中で捉えようというものである。

図Ⅳ-15　社会的リンク論（かかわりの全体性）

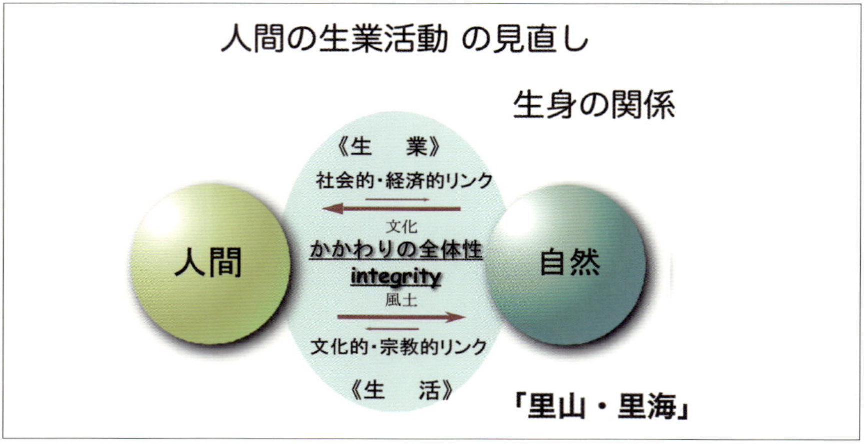

出典：鬼頭秀一『自然保護を問いなおす－環境倫理とネットワーク』（ちくま新書、1996年）

例えば、日本も含めて多くの伝統的な社会においては、森林を利用する際に、ただ伐採して利用するだけでなく、伐採する際に宗教な儀礼を行うことが一般的である。日本では、木を伐った際に、梢を刺して山の精霊に祈りを捧げるということが行われていた。他の地域でも同様の儀礼があったり、また、伐採する場所や木を定めるために神の意見を聞いたりするというのもある。木を伐採して利用する際に、機能性、効用に着目してそれを経済的に利用するという側面と、宗教的儀礼など精神的な形でかかわるという側面の二つの側面があるのである。前者が人間と自然とのかかわりにおける経済的・社会的リンク、後者が宗教的・文化的リンクである。人間は古来から自然を利用するにしても、ただ機能的な形で効用だけ求めて利用していたのではなく、精神的なかかわりも深くあり、それが、野放図な利用を抑制してきたとも言えるし、自然資源の枯渇も含めた長い経験の中から、そのような宗教的儀礼を行うようになったとも言えるかもしれない。しかし、近代社会に移行して、特に産業社会の中で、自然資源を機能的な側面や効用だけで捉えるようになってから、このような精神的な部分の、宗教的・文化的リンクは失われて行った。

　例えば、東南アジアの熱帯林を伐採して日本で利用することを考えてみる。そこにおける木との関係は、効用と価格だけで、精神的なかかわりは皆無である。宗教的・文化的リンクは切断され、経済的・社会的リンクだけの関係がそこにある。例えば先住民族の人たちが精神的なかかわりも含めた森の恵みを得ていたのに対して、日本をはじめとした先進国の企業は熱帯林の伐採権を取得して、先住民族の人たちの宗教的・文化的リンクを切断していたのである。

　その一方で、近代的な自然保護思想は、熱帯林の保護を求めた。ここに新しい形での、文化的なリンクが出現して、自然保護という文化的・精神的なリンクの中で保全や保存が行われるようになった。しかし、そこでは、現地の人たちによって伝統的に行われてきた森林の利用は制限されることも多く、経済的・社会的リンクは切断されたのである。

　現在の近代の産業社会における人間の自然とのかかわりは、二つのリンクのどちらかだけのかかわりで、一方のリンクは切断されている。いわゆる環境問題は、このように、二つのリンクの全体性（integrity）が失われてきたことであるとも言える。

　私たちは、環境問題の反省の中で、いろいろなものを取り戻そうとしている。森林で言えば、機能的なもの、効用だけを求めるのではなく、それぞれの地域

図Ⅳ-16　切り身の社会的・経済的リンク《近代的産業活動》

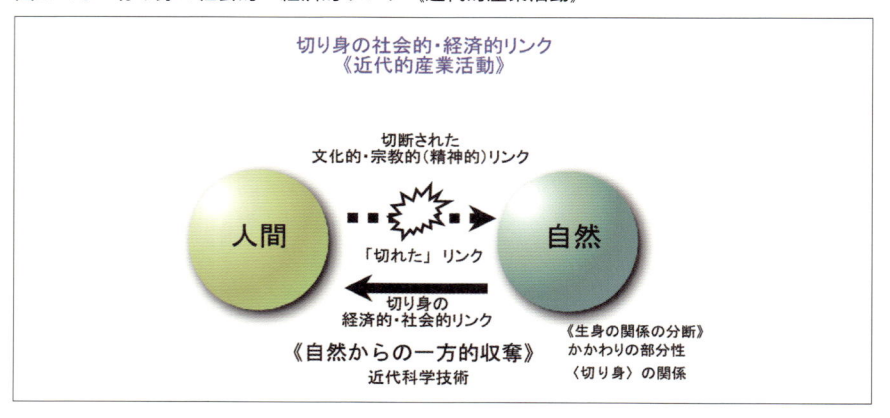

図Ⅳ-17　切り身の文化的・宗教的（精神的）リンク《近代的〝自然「保護」〟概念》

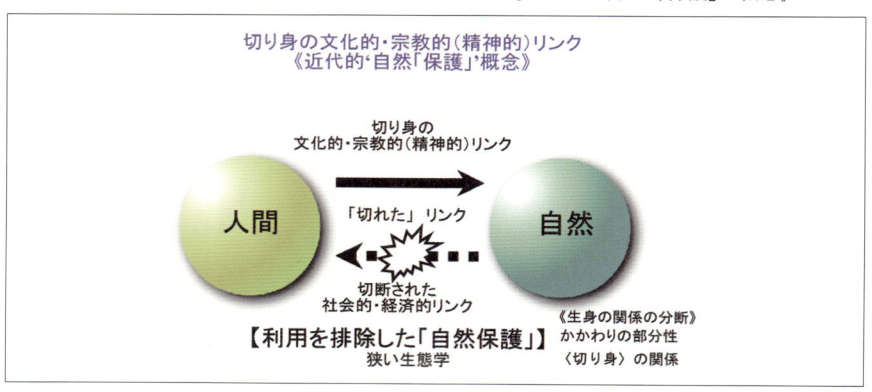

における、伝統的な森林管理のあり方をいま一度見直そうとしている。日本でも、山村の地域社会が崩壊しつつあり、そのため手入れが行き届かなくなり、管理されない森林が増大して、災害の原因になることもあり、社会問題化されている。しかし、一方で都会の人たちの森林ボランティアなど、新しい森林との精神的なかかわりを作り出すことにより、なんとか、森林の再生をしていこうとする試みもなされている。これは、今まで、機能的な面や、効用だけに注目して捉えてきた林業における人間の自然とのかかわりにおいて、経済的・社

図IV-18　社会的リンク論（かかわりの分断化）

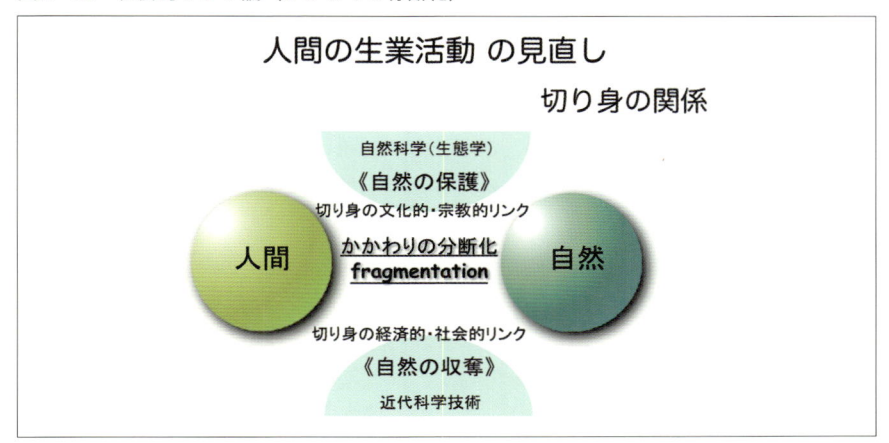

出典：鬼頭秀一『自然保護を問いなおす―環境倫理とネットワーク』（ちくま新書、1996年）

会的リンクだけでなく、宗教的・文化的リンクを再びつないで行き、そのことにより、二つのリンクの全体性（integrity）を取り戻そうとしているとも言える。二つのリンクの全体性を回復するような新たな社会的な仕組みを作り出すことが、いろいろと試みられているのである。

　社会的リンク論は、現在の産業社会の人間と自然とのかかわりを否定して、過去の伝統社会の人間と自然とのかかわりに帰ろうとする考え方に見えるかもしれない。しかし、回復すべきなのは、伝統社会の人間と自然とのかかわりではなく、人間と自然とのかかわりの二つのリンクの全体性なのである。精神性と経済性がともにある関係を求めようとしているのである。二つのリンクは、関係論的な関数であり、関係の実体ではない。人間と自然との関係性を静的（static）に捉えるのではなく、動的（dynamic）な関係のシステムとして捉えようとするのが、社会的リンク論なのである。この考え方は、人間と自然のダイナミックな関係と結合に基づいて環境倫理を捉えようということである。そのことにより、今までの人間と自然との二項対立的図式を解体しようとするのである。二項対立として捉えてどちらかを中心にするのではなく、人間と自然との関係性を二つのリンクの関係の関数として捉えて、その関係の全体性を回復するために、人間と自然との動的な関係性を新たに構築しようとするもので

ある。「リンクをつなぐ」ということをキーワードとして、より相応しい人間と自然との関係性のあり方を求めていく考え方なのである。

　また、この社会的リンク論は、人間と自然との関係を、機能的な物質的なレベルだけで捉えるのではなく、精神的なレベルで捉えるという点で、自然環境の問題を精神的環境、文化的、歴史的環境の問題と同一の問題として捉えようとしている。さらに、人間の社会システムに注目することで、社会的環境も含めた全体的なものとして捉えようとしている。今までたびたび述べてきたように、人間にとっての環境は、自然的環境だけでなく、精神的環境や社会的環境も重要である。物質的な環境においては、「環境持続性」が重要であるが、「環境持続性」は往々にして、人間に我慢を強いることになる。しかし、社会的にはその強いられる我慢は偏る傾向があり、社会的不公正が発生する。その社会的不公正を糺し、マイノリティの人も含めて豊かな環境を享受することが環境問題の解決には必要である。社会的環境においては「社会的公正」、精神的な環境においては、精神的なものも含めた人間の本来の豊かさを実現するという意味で、「存在の豊かさ」が求められるのである。つまり、社会的リンク論は、環境の問題を物質的なレベルから精神的なレベルまで拡張して、「環境持続性」「社会的公正」「存在の豊かさ」の三つが実現されることを倫理的に正しいあり方として提唱する。この三つが実現できるということは、二つのリンクの全体性が回復されることと同義である。この「リンクをつなぐ」ことは、自然、社会、精神の三つの環境の諸相での統合が必要だということである。

　かくして、社会的リンク論は、環境正義で問題にされていること、つまり、環境のリスクにおいても、自然資源の利用においても、マイノリティの権利を保障することと、そのことによって、精神的にも豊かな環境のあり方を求めることを実現する原理となる。

　環境の価値が精神的なものも含めた広い意味を持ってきていることを考えると、歴史的、文化的に、地域独自の形で蓄積されてきた知識は、将来的な国土管理を行っていくためにも重要であり、経済的・社会的リンクと文化的・宗教的リンクの全体性を実現するためにどのような社会的な仕組みを構築するのかを考えるためにも必要になってきている。

　また、人間と自然との関係性のあり方を、物質的な側面だけでなく、精神的な側面、社会的な側面も含めて、統合的に捉えることがますます重要になってきている。私たちがどのような自然との関係性を構築するのかということは、

私たちが、自然に根ざした形で、いかに生きていくのかという問題が投げかけられているとも言える。従来のような、自然科学的な機能的な側面や経済的な効用の側面だけを重視した形ではなく、人間の「生」そのものを見つめていき、人間の生き方、社会のあり方がますます問われている。

　人間と自然のダイナミックな関係性と結合に基づく普遍的な環境倫理は、そのような意味での人間の生き方に関して、多様性は保障しつつも、普遍的な形で人間の生のあり方を問いなおすものであり、真の意味での「持続可能性（サステイナビリティ）」を実現するための根本原理となるものである。

参考文献

伊藤浩志『復興ストレス—失われゆく被災の言葉』（彩流社、2017年）

岩波書店編集部（編）『3.11を心に刻んで 2018』（岩波ブックレット、2018年）

ウルリッヒ・ベック『危険社会——新しい近代への道』（法政大学出版局、1998年）

オギュスタン・ベルク『風土としての地球』（筑摩書房、1994年）

オギュスタン・ベルク『地球と存在の哲学——環境倫理を越えて』ちくま新書（筑摩書房、1996年）

オギュスタン・ベルク『風土学序説—文化をふたたび自然に、自然をふたたび文化に』（筑摩書房、2002年）

J・ベアード・キャリコット『地球の洞察——多文化時代の環境哲学』（みすず書房、2009年）

レーチェル・カーソン『沈黙の春』（新潮社、1964年）

マーク・ダーウィ『草の根環境主義——アメリカの新しい萌芽』（日本経済評論社、1998年）

アンドリュー・ドブソン『緑の政治思想——エコロジズムと社会変革の理論』（ミネルヴァ書房、2001年）

原田正純『水俣病』岩波新書（岩波書店、1972年）

原田正純『水俣病は終わっていない』岩波新書（岩波書店、1985年）

原田正純『水俣病に学ぶ旅』（日本評論社、1985年）

原田正純『水俣が映す世界』（日本評論社、1989年）

原田正純『水俣の視図——弱者のための環境社会学』（立風書房、1992年）

広井良典『持続可能な福祉社会——「もうひとつの日本」の構想』ちくま新書（筑摩書房、2006年）

保屋野初子『流域管理の環境社会学——下諏訪ダム計画と住民合意形成』（岩波書店、2014年）

福永真弓『多声性の環境倫理——サケが生まれ帰る流域の正統性のゆくえ』（ハーベスト社、2010年）

色川大吉（編）『水俣の啓示——不知火海総合調査報告』上下巻（筑摩書房、1983年）

今道友信『エコエティカ』講談社学術文庫（講談社、1990年）

今村光章編,『持続可能性に向けての環境教育』（昭和堂、2005年）

伊勢田哲治『動物からの倫理学入門』（名古屋大学出版会、2008年）

石弘之（編）『環境学の技法』（東京大学出版会、2002年）

石井敦（編）『解体新書〈捕鯨論争〉』（新評論、2011年）

石牟礼道子『苦海浄土——わが水俣病』池澤夏樹個人編集世界文学全集Ⅲ－04（河出書房新社、2011年）

石牟礼道子・鶴見和子『言葉果つるところ』鶴見和子・対話まんだら　石牟礼道子の巻（藤原書店、2002年）

石山徳子『米国先住民族と核廃棄物——環境正義をめぐる闘争』（明石書店、2004年）

伊東俊太郎（編）『講座 文明と環境 第14巻 環境倫理と環境教育』（朝倉書店. 1996年）

『岩波講座 哲学 第1巻 いま〈哲学する〉ことへ』（岩波書店、2008年）

『岩波講座 哲学 第8巻 生命/環境の哲学』（岩波書店、2009年）

岩佐礼子『地域力の発見—内発的発展論からの教育再考』（藤原書店、2015年）

岩田慶治『人間・遊び・自然』（日本放送出版協会、1986）

嘉田由紀子『生活世界の環境史——琵琶湖からのメッセージ』（農文協、1995年）

嘉田由紀子・遊磨正秀『水辺遊びの生態学——琵琶湖地域の三世代の語りから』（農文協、2000年）

嘉田由紀子他（編）『共感する環境学——地域の人びとに学ぶ』（ミネルヴァ書房、2000年）

河出書房新社編集部編『歴史としての3.11』（河出書房新社、2012年）

川本隆史（編）『自然と人間』リーディングス環境 第1巻（有斐閣、2005年）

川本隆史（編）『権利と価値』リーディングス環境 第2巻（有斐閣、2006年）

環境と開発に関する世界委員会『地球の未来を守るために』（福武書店、1987年）

菊池直樹『甦るコウノトリ——野生復帰から地域再生へ』（東京大学出版会、2006年）

鬼頭秀一『自然保護を問いなおす——環境倫理とネットワーク』ちくま新書（筑摩書房、1996年）

鬼頭秀一（編）『新環境学がわかる』（朝日新聞社、1999年）

鬼頭秀一（編）『環境の豊かさをもとめて——理念と運動』講座 人間と環境 第10巻（昭和堂、1999年）

鬼頭秀一・福永真弓（編）『環境倫理学』（東京大学出版会、2009年）

国連ミレニアムエコシステム評価『生態系サービスと人類の未来——国連ミレニアムエコシステム評価』（オーム社、2007年）

国際連合大学高等研究所他（編）『里山・里海——自然の恵みと人々の暮らし』（朝倉書店、2012年）

鉱毒史編纂委員会『鉱毒史』上下巻（鉱毒史編纂委員会、2013年）

栗原彬『証言 水俣病』岩波新書（岩波書店、2000年）

桑子敏雄『環境の哲学』講談社学術文庫（講談社、1999年）

桑子敏雄『風景のなかの環境哲学』（東京大学出版会、2005年）

アルド・レオポルド『野生のうたが聞こえる』講談社学術文庫（講談社、1997年）

サイモン・レヴィン『持続不可能性——環境保全のための複雑系理論入門』（文一総合出版、2003年）

丸山徳次（編）『岩波 応用倫理学講義 2環境』（岩波書店、2004年）

丸山康司『サルと人間の環境問題——ニホンザルをめぐる自然保護と獣害のはざまから』（昭和堂、2006年）

松井健『自然の文化人類学』（東京大学出版会、1997年）

松井健（編）『開発と環境の文化学——沖縄地域社会変動の諸契機』（榕樹書林、2002年）

松永澄夫（編）『環境—安全の確保という価値は…』（東信堂、2005年）

目黒紀夫『さまよえる「共存」とマサイ——ケニアの野生生物保全の現場から』（新泉社、2014年）

キャロリン・マーチャント『ラディカル・エコロジー——住みよい世界を求めて』（産業図書、1994年）

水俣病研究会（編）『水俣病事件資料集』上下巻（葦書房、1996年）

宮内泰介（編）『半栽培の環境社会学——これからの人と自然』（昭和堂、2009年）

宮内泰介（編）『なぜ環境保全はうまくいかないのか——現場から考える「順応的ガバナンス」の可能性』（新泉社、2013年）

宮内泰介（編）『どうすれば環境保全はうまくいくのか——現場から考える「順応的ガバナンス」の進め方』（新泉社、2017年）

宮内泰介『歩く、見る、聞く 人びとの自然再生』（岩波新書、2017年）

森岡正博『生命学への招待——バイオエシックスを超えて』（勁草書房、1988年）

中西準子『環境リスク学——不安の海の羅針盤』（日本評論社、2004年）

ロデリック・ナッシュ『自然の権利——環境倫理の文明史』（ミネルヴァ書房、2011年）

日本ホリスティック教育協会（編）『持続可能な教育と文化－深化する環太平洋のESD－』
　　（せせらぎ出版、2008年）

日本自然保護協会ふれあい調査研究会『人と自然のふれあい調査ハンドブック』（日本自然
　　保護協会、2010）

西城戸誠他（編）『環境と社会』ブックガイドシリーズ基本の30冊（人文書院、2012年）

西村肇・岡本達明（編）『水俣病の科学』（日本評論社、2001年）

緒方正人『チッソは私であった』（筑摩書房、2001年）

小原秀雄・鬼頭秀一・森岡正博（編）『環境思想の系譜』全３巻（東海大学出版会、1995年）

大熊孝『ローカルな思想を創る（１）技術にも自治がある──治水技術の伝統と近代』（農
　　文協、2004年）

大熊孝『増補　洪水と治水の河川史──水害の制圧から受容へ』平凡社ライブラリ（平凡社、
　　2007年）

ジョン・パスモア『自然に対する人間の責任』（岩波書店、1979年）

クライブ・ポンティング『緑の世界史』朝日選書上下巻（朝日新聞社、1994年）

Ｖ・Ｒ・ポッター『バイオエシックス－生存の科学』（ダイヤモンド社、1974年）

ローマ・クラブ『成長の限界』（ダイヤモンド社、1972年）

最首悟『生あるものは皆この海に染まり』（新曜社、1984年）

最首悟『明日もまた今日のごとく』（どうぶつ社、1988年）

最首悟他（編）『水俣五〇年──ひろがる「水俣」の思い』（作品社、2007年）

三人委員会『ローカルな思想を創る──脱世界思想の方法』（農文協、1998年）

三人委員会『市場経済を組み替える』（農文協、1999年）

佐々木毅・金泰昌（編）『地球環境と公共性』［公共哲学９］（東京大学出版会、2002年）

笹岡正俊『資源保全の環境人類学──インドネシア山村の野生動物利用・管理の民族誌』（コ
　　モンズ、2012年）

佐藤仁『稀少資源のポリティクス』（東京大学出版会、2002年）

佐藤衆介『アニマル・ウェルフェア──動物の幸せについての科学と倫理』（東京大学出版会、2005年）

篠原徹『海と山の民俗自然誌』（吉川弘文館、1995年）

篠原徹『自然を生きる技術──暮らしの民俗自然誌』（吉川弘文館、2005年）

篠原徹（編）『民俗の技術』現代民俗学の視点Ⅰ（朝倉書店、1998年）

ヴァンダナ・シヴァ『生きる歓び──イデオロギーとしての近代科学批判』（築地書館、1994年）

ヴァンダナ・シヴァ『緑の革命とその暴力』（日本経済評論社、1997年）

ヴァンダナ・シヴァ『生物多様性の危機──精神のモノカルチャー』（三一書房、1997年）

ヴァンダナ・シヴァ『生物多様性の保護か、生命の収奪か』（明石書店、2005年）

自然の権利セミナー報告書作成委員会（編）『報告　日本における「自然の権利」運動　第
　　２集』（山洋社、2004年）

庄司光・宮本憲一『恐るべき公害』岩波新書（岩波書店、1964年）

ピーター・シンガー『動物の解放』（技術と人間、1988年）

ピーター・シンガー（編）『動物の権利』（技術と人間、1986年）

菅豊『川は誰のものか──人と環境の民俗学』（吉川弘文館、2005年）

クリストファー・ストーン「樹木の当事者適格──自然物の法的権利について」『現代思想』
　　1990年11月号

鈴木善次『環境教育学原論――科学文明を問い直す』（東京大学出版会、2014年）

高村典子（編）『生態系再生の新しい視点』（共立出版、2009年）

TGF・FGF（編）『原発災害とアカデミズム』（合同出版、2013年）

冨田涼都『自然再生の環境倫理――復元から再生へ』（昭和堂、2014年）

友澤悠季『「問い」としての公害』（勁草書房、2014年）

鳥越皓之・嘉田由紀子（編）『水と人の環境史――琵琶湖報告書』（御茶ノ水書房、1984年）

鳥越皓之（編）『環境問題の社会理論――生活環境主義の立場から』（御茶ノ水書房、1989年）

鳥越皓之『環境社会学の理論と実践――生活環境主義の立場から』（有斐閣、1997年）

鳥越皓之他（編）『里川の可能性――利水・治水・守水を共有する』（新曜社、2006年）

『コレクション　鶴見和子曼荼羅　Ⅵ．魂の巻――水俣・アニミズム・エコロジー』（鶴見和子、1998年）

内山節『日本人はなぜキツネにだまされなくなったのか』講談社現代新書（講談社、2007年）

内山節『自然と人間の哲学』内山節著作集（農文協、2014年）

内山節『山里の釣りから』内山節著作集（農文協、2014年）

宇井純『公害の政治学――水俣病を追って』三省堂新書（三省堂、1969年）

宇井純『公害原論』全3巻（亜紀書房、1971年）

『宇井純セレクション』全3巻（新泉社、2014年）

宇井純他（編）『技術と産業公害』（国際連合大学、1985年）

宇沢弘文『地球温暖化を考える』岩波新書（岩波書店、1995年）

宇沢弘文・大熊孝（編）『社会的共通資本としての川』（東京大学出版会、2010年）

鷲谷いづみ・鬼頭秀一（編）『自然再生のための生物多様性モニタリング』（東京大学出版会、2007年）

渡邊洋之『捕鯨問題の歴史社会学――近現代日本におけるクジラと人間』（東信堂、2006年）

リン・ホワイト・ジュニア『機会と神――生態学的危機の歴史的根源』（みすず書房、1999年）

山越言・目黒紀夫・佐藤哲『自然は誰のものか――住民参加型保全の逆説を乗り越える（アフリカ潜在力）』（京都大学出版会、2016年）

山脇直司（編）『科学・技術と社会倫理』（東京大学出版会、2015年）

安田章人『護るために殺す？――アフリカにおけるスポーツハンティングの「持続可能性」と地域社会』（勁草書房、2013年）

吉永明弘『都市の環境倫理：持続可能性、都市における自然、アメニティ』（勁草書房、2014年）

吉永明弘『ブックガイド環境倫理：基本書から専門書まで』（勁草書房、2017年）

吉永明弘・福永真弓（編）『未来の環境倫理学；災後から未来を語るメソッド』（勁草書房、2018年）

湯本貴和（編）『環境史とは何か』シリーズ日本列島の三万五千年――人と自然の環境史（文一総合出版、2011年）

米本昌平『地球環境問題とは何か』岩波書店（岩波書店、1994年）

米本昌平『地球変動のポリティクス――温暖化という脅威』（弘文堂、2011年）

吉本哲郎『わたしの地元学』（NECクリエイティブ、1995）

星槎大学叢書 3

共生科学概説
人と自然が共生する未来を創る

著　者　坪内俊憲　保屋野初子　鬼頭秀一

発行者　中山康之

発行所　星槎大学出版会
　　　　250-0631 神奈川県足柄下郡箱根町仙石原 718-255
　　　　TEL 0460-83-8202

編　集　かまくら春秋社
発　売　248-0006 鎌倉市小町 2-14-7
　　　　TEL 0467-25-2864

2018 年 3 月 31 日　初版第 1 刷

星槎叢書刊行にあたって

星槎は「人を認める・人を排除しない・仲間をつくる」という三つの約束のもとに、社会に必要とされる様々な環境を創り、その実践に向けた挑戦を続けています。

人はお互いに補い合って生きています。しかし、ときに我々は共に生きるという大切なことが見えなくなってしまうことがあります。そうした事態を乗り越えるためには、日常の身近なことから「共に生きることを科学する」ことが求められます。具体的には、「人と人との共生」から環境の持続可能性・生物多様性保全・心理・公共など、「人と自然との共生」から国際関係・国際協力・安全保障災害への対応など、「国と国との共生」から教育・福祉・医療・などが挙げられるでしょう。

星槎とは星のいかだです。由来は、それぞれに異なるさまざまな木を束ねて創った槎で天空の星をめざす、という中国の故事にあります。星槎叢書が、大海に槎を漕ぎ出し、より広く、より深い、知的冒険にあふれた共生実践に挑む航海者の羅針盤になることを願っています。

二〇一五年一月

宮 澤 保 夫